MEIO AMBIENTE E FORMAÇÃO DE PROFESSORES

Questões da Nossa Época

Volume 13

Dados Internacionais de Catalogação na Publicação (CIP)
(Câmara Brasileira do Livro , SP, Brasil)

Penteado, Heloísa Dupas
Meio ambiente e formação de professores / Heloísa Dupas Penteado. — 7. ed. — São Paulo : Cortez, 2010. — (Coleção questões da nossa época ; v. 13)

Bibliografia.
ISBN 978-85-249-1604-5

1. Educação ambiental 2. Professores — Formação profissional I. Título. II. Série.

10-04240 CDD-370.71

Índices para catálogo sistemático:

1. Meio ambiente : Formação de professores : Educação 370.71

Heloísa D. Penteado

MEIO AMBIENTE E FORMAÇÃO DE PROFESSORES

7ª edição
2ª reimpressão

MEIO AMBIENTE E FORMAÇÃO DE PROFESSORES
Heloísa Dupas Penteado

Capa: aeroestúdio
Preparação de originais: Fernanda Magalhães
Revisão: Maria de Lourdes de Almeida
Composição: Linea Editora Ltda.
Coordenação editorial: Danilo A. Q. Morales

Direitos para esta edição
CORTEZ EDITORA
Rua Monte Alegre, 1074 – Perdizes
05014-001 – São Paulo - SP
Tel.: (11) 3864-0111 Fax: (11) 3864-4290
e-mail: cortez@cortezeditora.com.br
www.cortezeditora.com.br

Impresso na Índia – janeiro de 2015

Sumário

Prefácio à 7ª edição

Prezados leitores

O povoamento de nosso país vem sendo marcado, desde os seus primórdios, pelo desrespeito ao ser humano.

"ULTRA EQUINOTIARUM NOM PECATUR" (Além do Equador não se peca mais) era o lema que norteava as caravelas que se dirigiam ao Brasil no período colonial, muitas delas enviadas pelo colonizador para povoar a terra.

Atualmente a urbanização da população, ou seja, sua concentração nos aglomerados urbanos, é uma tendência mundial, que muitos especialistas no assunto veem como irreversível.

Em 2007 a população urbana mundial superou a rural em todo o planeta.

Hoje, 6 de abril de 2010, momento em que escrevo este prefácio, às 15 horas e 10 minutos, somos no Brasil uma população de 192 739 582 de habitantes, integrantes de uma população mundial de 6 827 212 796.

Se você, caro leitor, no momento de sua leitura, conferir esses dados com os dados apresentados na internet, localizável em página do IBGE, no Popclock, que apresenta a população brasileira e mundial ajustada minuto a minuto, você os encontrará alterados para mais.

O crescimento populacional é um processo contínuo, que ocorre em função de diferentes fatores, e sua concentração nos centros urbanos e suas consequências para a qualidade de vida e sustentabilidade do planeta Terra, nosso habitat, vem se constituindo em centro de atenção de estudos e pesquisas de geógrafos e ambientalistas. O Quinto Fórum Urbano Mundial, principal evento de urbanismo do mundo, sediado na cidade do Rio de Janeiro, na última semana de março de 2010, atestou pelo seu número (quinto), pelo gabarito dos especialistas mundiais nele reunidos e pelos temas nele tratados, os problemas sociais, políticos, econômicos e ambientais que veem acompanhando esse processo, bem como evidenciou esforços conjugados de aprendizagem com a experiência de diferentes países, na busca de saídas para as questões que nos desafiam.

Onde e como vive este enorme contingente populacional?

Segundo o Censo de 2000, do Instituto Brasileiro de Geografia e Estatística (IBGE), a população urbana brasileira já compreendia naquela data 81,2% da população total de nosso país.

O que atestam as cidades que acolhem cada dia mais habitantes?

Problemas de várias ordens veem acompanhando esse processo. Os problemas de habitação, como o surgimento de favelas, de habitantes de rua; de locomoção no espaço urbano, como transportes coletivos em número insuficiente, congestionamentos de trânsito; problemas de saneamento básico e de saúde pública, como poluição das águas, crescimento do lixo urbano, ocorrência de epidemias; problemas de aumento da violência, dentre outros, são sintomas da precária situação de vida de grandes setores da população urbana, decorrente do "inchaço" das cidades, com sérias consequências para a vida de todos os seus habitantes, e para a degradação do meio ambiente.

Por que esse deslocamento populacional para as cidades tem se mostrado irreversível? Como lidar com ele? De onde vêm essas pessoas?

Ao longo da história da humanidade os deslocamentos populacionais ocorrem sempre em decorrência de situações intoleráveis de guerras e de exploração do ser humano, à busca de melhores condições de vida, de oportunidades de trabalho, de escolarização para os filhos, de cultura, de lazer.

No entanto, os problemas que têm acompanhado o processo de urbanização na atualidade tornam transparente que as soluções de engenharia dos espaços e os investimentos públicos e privados não têm como meta principal o respeito à dignidade do ser humano, pautando-se por interesses imediatistas de maiores lucros de uns, em detrimento da qualidade de vida de muitos, e já evidenciando, com muita clareza, prejuízos para a qualidade de vida de todos.

Neste livro chamamos a atenção para a necessária construção da cidadania.

A "cidadania" é um conceito que tem a ver com o surgimento histórico das cidades, e diz respeito aos direitos e deveres do ser humano, à sua dignidade, em sociedades que se pautam por princípios democráticos de organização do poder, e que comprometem todos os cidadãos entre si, e em tomadas de decisões que dizem respeito a nossas próprias vidas.

Em sociedades democráticas a consciência de compromissos da cidadania, e da consciência ambiental precisa ser desenvolvida para que os problemas do nosso meio ambiente sejam compreendidos não como um problema dos outros (o outro "governo", o outro "empresas") mas como um problema coletivo do uso do espaço público, em relação aos quais temos todos um importante papel a desempenhar.

O bom desempenho da cidadania compreende comportamentos construtivos cujo aprendizado precisa ser providenciado para todos os habitantes de nosso planeta, para que a compreensão do *modus vivendi* se expanda das atitudes individualistas às solidárias e colaborativas, necessárias à preservação de nossa morada, a terra, independente de nossa localização nos espaços rural ou urbano em que se encontra organizada, e pelos quais nos cabe cuidar.

A escola é o espaço ideal para promover esse aprendizado. Nela é possível promover a compreensão das questões ambientais para além de suas dimensões biológicas, químicas, físicas, em uma perspectiva fundamentada nas Ciências Humanas, que têm a qualidade de vida do ser humano como o centro de seus estudos e pesquisas.

Informação e vivência participativa são dois importantes recursos do processo de ensino/aprendizagem voltados para o desenvolvimento da cidadania e da consciência ambiental.

Mais para além das informações, a maneira como são adquiridas é que vai provocar o desenvolvimento da formação aqui pretendida.

O trabalho escolar com a informação, na dimensão aqui considerada, ultrapassa a mera acumulação de informação por parte do aluno, tendo por meta principal fazer da informação um "instrumento de conhecimento do aluno", uma "ferramenta" de compreensão e intervenção construtiva no mundo que o cerca.

Como fazer isso? Esta é a pergunta que ocorre a professores habituados a um modo mais tradicional de ensino.

Neste livro apresentamos um modo de trabalhar a informação, fundamentado na "comunicação escolar", uma metodologia de ensino que:

- liga o trabalho de sala de aula com situações de vida;
- transfere a expectativa de acumulação de informações por parte do aluno para o desenvolvimento da capaci-

dade de atuar com o conhecimento junto a situações problemáticas reais, compatíveis com o grau de compreensão de sua faixa etária;

- possibilita a compreensão da "incompletude" do conhecimento e propicia a "modéstia necessária" para "ouvir o outro" e para "refletir, a partir do saber existente em direção à constante construção do saber, promovendo através de vivências participativas atitudes individuais e sociais de cidadania desde a escola.

Destacamos nessa modalidade de ensino o papel do professor como organizador e administrador das situações de ensino propostas, e disponibilizamos, a título de colaboração, fundamentação teórico-metodológica e sugestões de atividades, que, temos certeza, cada professor se encarregará de ampliar, com seus conhecimentos, experiência profissional e sensibilidade.

Encerrando essa conversa com você, caro leitor, que visa introduzi-lo nos textos a seguir, tomo a liberdade de apresentar as palavras de Gullar (2010), segundo as quais "...a arte existe porque a realidade não basta. A grande arte inventa o real, subverte-o, enriquece-o..." Assim pensando é preciso ir além da realidade que nos cerca. É preciso nos sensibilizarmos com ela, nos emocionarmos com ela, para compreendermos que é possível ir além dela, transformá-las...

Por isso relembro aqui a formadores de professores e seus alunos, todos nós ensinantes e aprendentes, no desenvolvimento de nossos papéis complementares, profissionais e de vida, duas obras de arte, em canto e verso, para nos mobilizar a erradicar as "lições de esculacho" de nosso "passado colonial" e de nosso "presente patrimonial", pelo exercício desse "defeito" humano — "o homem sabe pensar" — mobilizando-nos a intervenções construtivas e cidadãs em nosso meio ambiente.

Para pensar...sentir...pensar...

NÃO EXISTE PECADO AO SUL DO EQUADOR
Chico Buarque de Holanda/Ruy Guerra

Não existe pecado do lado de baixo do Equador.
Vamos fazer um pecado, rasgado, suado, a todo vapor...
[...]
Me deixa ser teu escracho, capacho, teu cacho, um riacho de amor...
Quando é lição de esculacho, olha aí, sai de baixo,
Que eu sou professor.

Deixa a tristeza pra lá, vem comer, vem jantar
Sarapatel, caruru, tucupi, tacacá...
Vê se me usa, me abusa, lambuza,
Que a tua cafusa não pode esperar.

Deixa a tristeza pra lá, vem comer, vem jantar
Sarapatel, caruru, tucupi, tacacá...
Vê se me esgota, me bota na mesa,
Que a tua holandesa não pode esperar.

Não existe pecado do lado de baixo do Equador
Vamos fazer um pecado, rasgado, suado, a todo vapor
Me deixa ser teu escracho, capacho, teu cacho, diacho,
Um riacho de amor...
Quando é missão de esculacho, olha aí, sai de baixo,
Eu sou embaixador.

PALAVRAS DE UM GENERAL

General, teu tanque é um carro forte.
Ele derruba uma floresta
e esmaga cem homens.
Tem, porém, um defeito:
Precisa de um motorista.

General, teu bombardeiro é poderoso.
Voa mais depressa que a tempestade,
carrega mais que um elefante.
Tem, porém, um defeito:
Precisa de um piloto.

General, o homem é muito útil.
Sabe voar, sabe matar.
Tem porém um defeito:
Ele sabe pensar.
(Brecht, B. *Antologia poética*)

1

Meio ambiente, ciências e escola

Às vésperas do século XXI as questões sobre o meio ambiente se apresentam como um dos problemas urgentes a serem resolvidos nos novos tempos que se aproximam, a fim de que a vida do homem na face da terra seja preservada saudável, digna e produtiva.

A leitura destas questões realizada hoje em dia pela perspectiva da Ciência revela e destaca o aspecto das avarias e danificações físico-químicas sobre a natureza por interferências inadvertidas e até impensadas do ser humano.

Quando consideradas pelo mundo da cultura, traduzem-se em apelos ou alertas à transformação de comportamentos cotidianos do cidadão comum, o qual passa nesta versão como o agente poluidor e destruidor, como se depreende, por exemplo, de campanhas televisuais de verão voltadas para a manutenção da limpeza das praias, ou de campanhas publicitárias, ao longo do ano, para a venda de produtos supostamente não agressivos à natureza, como os biodegradáveis.

Sem desconsiderar o que de verdadeiro existe em cada uma dessas ópticas, padecem ambas de uma cisão epistemológica: a científica, atendo-se a uma abordagem naturalista da questão, e a cultural, limitando-se a uma abordagem individualista.

Desta forma, deixam de atingir o âmago do problema. Tudo se passa como se uma população esclarecida sobre as transformações físico-químicas a que a natureza está sujeita fosse sensível a sugestões de comportamentos preservadores do meio ambiente. Assim, uma vez desencadeado o processo de informação a respeito, a resolução da degradação ambiental seria uma "decorrência natural".

No entanto, a realidade aí está a exibir sua face ameaçadora que nos afeta e aflige, em escala mundial.

Para alcançarmos uma melhor compreensão dos fatos que nos capacite a desempenhar ações transformadoras adequadas e de alcance efetivo, questões que nos levem ao âmago do problema precisam ser enfrentadas.

Quem são os mais significativos agentes poluidores, pela extensão e abrangência dos estragos causados? Quais comportamentos e/ou ações precisam ser desenvolvidos, e por quem, por que agentes sociais, para reverter esta situação?

O Brasil foi o palco, em 1992, da Conferência das Nações Unidas sobre Meio Ambiente e Desenvolvimento. Durante doze movimentados dias do mês de junho, a cidade do Rio de Janeiro recebeu mais de cem chefes de Estado e de governo, além de centenas de organizações não governamentais (ONGs), que se reuniram para discutir, analisar e aprovar documentos referentes aos problemas ambientais. Dentre estes documentos, destacam-se a *Declaração do Rio de Janeiro*, contendo princípios fundamentais de ação dispostos em 27 tópicos, todos votados e aprovados em Nova York pelos países participantes da Eco-92; cerca de dois meses antes da Conferência do Rio-92;

a *Agenda 21*, um programa de ações preservadoras do meio ambiente (assim como a Declaração, a *Agenda 21* também não possui efeitos legais); o *Tratado de Biodiversidade* relativo à preservação de espécies e do direito de patentes dos produtos que tenham como matéria-prima as espécies do planeta; a *Convenção sobre o Clima*, versando sobre a emissão de gás carbônico, com força de compromisso jurídico internacional, mas sem fixar prazo para o cumprimento dos objetivos.

Em si, uma nítida demonstração do interesse mundial pelas questões ambientais, a Eco-92 revelou uma outra face das questões ambientais, pela ampla e diversificada participação de que foi alvo (de caráter internacional; de órgãos oficiais; de organizações civis de cidadãos) e pelo teor das discussões e trabalhos realizados e dos acordos firmados.

Uma análise, ainda que breve, das ocorrências e decorrências deste evento, evidencia a extensão do caráter sociopolítico das questões ecológicas, ângulo pelo qual praticamente não são abordadas na atualidade.

Um dos países, cuja participação na Eco-92 foi mais questionada, foi os Estados Unidos.

Numa avaliação realizada por um grupo de 150 ONGs sobre o desempenho dos países na Conferência, o pior deles foi atribuído, por unanimidade, aos Estados Unidos, pela conduta destrutiva nas negociações da *Convenção de Climas* e do *Tratado de Biodiversidade*; o segundo lugar coube à Arábia Saudita, por resistir às propostas referentes ao uso de outras formas de energia, que não as derivadas do petróleo; o terceiro lugar coube ao Japão; em quarto, ficou a Malásia, por colocar a soberania nacional acima das questões ambientais.

Segundo dados do *Programa da ONU para o Meio Ambiente de 1992*, a participação dos países do mundo na produção de lixo tóxico em milhões de toneladas por ano, durante a década de 1980, foi a seguinte:

Produtores	Lixo tóxico milhões de toneladas/ano
Estados Unidos	275
Europa Ocidental	25
Europa Oriental	22
Restante do planeta	19

Fonte:

Ainda segundo informações da fonte norte-americana American Public Transit Association, o automóvel é o meio de transporte terrestre que mais polui, produzindo 934 gramas de gás carbônico por passageiro a cada 100 km percorridos, enquanto um ônibus produz 189 gramas, nas mesmas condições. Os Estados Unidos despejaram na atmosfera um bilhão de toneladas de gás carbônico, em 1990, enquanto o Brasil, nesse mesmo ano, despejou 610 milhões de toneladas.

Aliar estas informações à observação dos comportamentos adotados pelas diferentes organizações governamentais durante a Eco-92, ajuda a compreender a avaliação efetuada pelas ONGs sobre os países presentes à Convenção.

A postura dos Estados Unidos em relação ao *Tratado de Biodiversidade* foi de rejeição por não concordar com a definição da propriedade intelectual dos produtos derivados de pesquisas com seres vivos do planeta nem com a contribuição financeira para os projetos, tal como o documento propunha. Ao longo da Convenção, países como Japão, França e Grã-Bretanha (dentre outros países da Comunidade Europeia) mostraram disposição de rever suas posições renitentes ao Tratado.

Os Estados Unidos têm na atualidade a maior indústria biotecnológica do mundo e o maior Produto Interno Bruto (PIB).

Diante destas condições, a não adesão dos Estados Unidos ao Tratado enfraquece a adesão dos demais países.

Na discussão sobre financiamento de projetos ambientais definidos na *Agenda 21*, os países pobres (o Grupo dos 77) reclamavam um maior empenho dos países ricos na disponibilidade de fundos. Reivindicavam 0,75% do PIB de cada país, até o ano 2000, para projetos ambientais, bem como um aumento no seu poder de decisão no Global Environmetal Facility (GEF, fundo global para o ambiente), órgão do BIRD (Banco Mundial). Os países nórdicos, por sua vez, alinharam-se no dia 8 de junho ao Grupo dos 77, e a Rússia posicionou-se contra a obrigação de contribuição de 0,7% do PIB e declarou através de seu ministro da Ecologia e Recursos Naturais, Viktor Danilov Danilian, sua necessidade de ajuda ocidental para superar o desgaste ecológico causado pela "mais antiecológica estrutura econômica que poderia ser inventada".

Também quatro das mais importantes ONGs — Greenpeace, Third World Network, World Wild Fund for Nature e Friends of the Earth — discordaram radicalmente do Banco Mundial, organismo que patrocina os principais projetos ecológicos internacionais, através do GEF. Desaprovaram totalmente a posição do Banco Mundial, segundo a qual o desenvolvimento sustentável "requer políticas abertas para encorajar o comércio e o investimento externo". As principais ONGs criticaram também a posição dos países do hemisfério norte (acionistas do BIRD) por não aceitarem a aprovação, pela Eco-92, de uma instituição de financiamento independente e ponderaram que, através do BIRD, apenas seriam financiados projetos de interesse dos países do hemisfério norte.

Comentou-se até, durante a Eco-92, que a divisão do Mundo em dois (Mundo Oriental e Mundo Ocidental), provocada pelas formas radicalmente diferentes de organização política por eles adotadas, perdera sentido com a queda do Muro de Berlim, e outra cisão tão ou mais forte que a anterior se acentuava.

A que outra conclusão pode-se chegar através da observação do alinhamento de forças ocorrido neste palco internacional de negociações sobre as questões ambientais, que foi a Eco-92? De um lado, o grupo dos sete países ricos; de outro lado, o grupo dos países pobres; acima da linha do Equador, os países ricos possuidores da biotecnologia; abaixo da linha do Equador, os países pobres em cujas florestas a biodiversidade se concentra, guardando em suas diferentes espécies o germe do que a ciência poderá descobrir em medicamentos, alimentos, conforto, e que a indústria poderá transformar em produtos para os 5,3 bilhões de habitantes do nosso planeta hoje, previstos para 10 bilhões dentro de poucas décadas.

As possibilidades de descobertas encerradas na biodiversidade encantam os cientistas. A renda encerrada nos produtos com possibilidades de virem a ser fabricados encantam os industriais. Os países industrializados (Norte) cobram *royalties* por sua tecnologia e querem o livre acesso à biodiversidade, concentrada principalmente nos países pobres (Sul). Estes alegam os altos custos de preservação da floresta e reclamam transferência de tecnologias a preços módicos.

Entre ricos e pobres, um único consenso: o de que a biodiversidade deve ser preservada. Biotecnologia e biodiversidade localizadas em hemisférios diferentes — Norte e Sul — precisam ser negociadas de forma equilibrada. Desequilíbrios nessas negociações — livre acesso dos países ricos à biodiversidade dos países pobres, que pagam vultuosas somas de *royalties* pela transferência de tecnologia — estão nitidamente refletidas no meio ambiente atual.

A charge de Spacca, de preciosa inspiração humorística, publicada no jornal *Folha de S.Paulo*, em 4 de março de 1989, registra esta lamentável situação: numa clara referência a análises internacionais que na ocasião apontavam o Brasil como devastador de florestas apresentava, através dos quadrinhos, o seguinte: a) o então presidente da República José Sarney participando de uma reunião internacional de premiação dos países considerados mais poluidores do meio ambiente; b) o presidente, em seu discurso, erguendo a taça da vitória e agradecendo aos demais países presentes "sem cuja colaboração este prêmio jamais seria nosso".

A Eco-92 também foi, além de tudo, um grande evento de mídia, e um grandiloquente espetáculo televisivo. Com isso, cada vez mais um grande número de pessoas tem acesso a informações sobre o estado do planeta e seus problemas ambientais. Ressaltou, em meio ao choque das pretensões, a necessidade de respeito a um meio ambiente que se degrada, como um valor maior a ser cultivado e preservado.

Diante de tais fatos nossas questões centrais se recolocam:

Quem são os mais significativos agentes depredadores no meio ambiente, pela extensão e abrangência dos estragos causados?

Que comportamentos e/ou ações precisam ser desenvolvidos, e por quem, por que agentes sociais, para reverter esta situação?

Em meio aos trabalhos da Eco-92, interesses divergentes dos países participantes confrontaram-se e até colidiram muitas vezes com o interesse do cidadão comum relativo às questões ambientais, objetivo da reunião. Problemas tais como crescimento demográfico desordenado, movimentos migratórios, crise social, atravessaram a todo momento as conversações e negociações sobre os desequilíbrios ambientais; desenvolvimento sustentável e qualidade de vida foram metas priorizadas em planos e acordos firmados.

Focalizadas por este prisma, as questões ecológicas reclamam: de um lado, a necessidade de serem analisadas pelas ciências humanas que são as ciências capazes de nos aproximar da compreensão específica deste aspecto tão importante quanto desconsiderado na atualidade; de outro, a formação de uma consciência ambiental, trabalho a ser desenvolvido pela educação, através de professores portadores desta consciência e, portanto, portadores, em alguma medida, dos conhecimentos decorrentes de uma abordagem sociopolítica da questão.

Onde promover a conjugação destes dois aspectos: compreensão das questões ambientais enquanto questões sociopolíticas, por intermédio da análise das Ciências Sociais e a formação de uma consciência ambiental?

A escola é, sem sombra de dúvida, o local ideal para se promover este processo. As disciplinas escolares são os recursos didáticos através dos quais os conhecimentos científicos de que a sociedade já dispõe são colocados ao alcance dos alunos. As aulas são o espaço ideal de trabalho com os conhecimentos e onde se desencadeiam experiências e vivências formadoras de consciências mais vigorosas porque são alimentadas no saber.

As disciplinas que com maior frequência têm incluído em seus programas as questões ambientais são Ciências (Ciências Naturais) e Geografia Física. Ainda são raras as incursões sobre o assunto feitas pelas disciplinas que trabalham com o saber produzido pelas Ciências Humanas, dentre estas, Estudos Sociais, História, Geografia Humana, Sociologia, Educação

Moral e Cívica, OSPB (as duas últimas atualmente extintas do currículo escolar).

Refletindo no seu interior o tratamento que tem sido dado pela sociedade a estes problemas, a escola privilegia a abordagem das Ciências Naturais e quando se ocupa dos aspectos sociais da questão, o faz mais frequentemente pela via das disciplinas de Estudos Sociais e Educação Moral e Cívica, voltando-se para a formação de atitudes preservadoras, que visam a um código de conduta e se despreocupam com a formação da consciência ambiental, suporte indispensável à incorporação de condutas, em oposição a adesões momentâneas ou a modismos.

Mais raras ainda são as abordagens interdisciplinares de uma questão, cuja compreensão, como vimos, não se esgota apenas do ângulo de uma ou de outra das Ciências aqui consideradas.

A Eco-92 foi um palco onde as relações de países entre si, e entre organizações governamentais e civis se explicitaram.

A capacidade política de atuação das organizações civis (não governamentais) mostraram a importância do exercício consciente da cidadania através da participação junto aos órgãos decisórios (governamentais) para buscar contemplar os interesses da população atingida pelo problema. As organizações não governamentais indicaram também a necessidade de ampliar esta participação civil consciente, se quisermos que os interesses vitais da humanidade prevaleçam, submetendo a eles os interesses empresariais imediatistas e espoliadores, hoje priorizados.

Promover, através da escola, a compreensão sociopolítica das questões ambientais e a formação da consciência ambiental são as metas com as quais pretendemos colaborar.

Por esta razão:

— desenvolvemos a análise da questão numa perspectiva sociopolítica;

— estudamos conceitos cuja clareza se considera fundamental na compreensão de nossa relação com o meio ambiente;

— apresentamos uma metodologia de trabalho para o tema, numa situação escolar.

A esperança é de colaborar com o trabalho de construção das consciências, realizado por nossos professores: os de hoje e os que virão.

2

Meio ambiente: cidadania *versus* empresa

Nas sociedades industrializadas contemporâneas, o processo de produção organiza-se em empresas.

As empresas são unidades produtoras, como fábricas, por exemplo, ou prestadoras de serviços, como bancos, hotéis, hospitais, empresas de tratamento de água e esgoto, supermercados etc. Nelas a organização do trabalho é feita tomando-se por base os princípios de racionalização. De acordo com estes princípios, todos os elementos componentes do processo de trabalho (os gestos nele desenvolvidos pelo ser humano que o desempenha, o tempo utilizado em cada um deles, as etapas em que se divide o processo etc.) são cuidadosamente estudados e planejados.

Esta forma de organização da produção teve início com a Revolução Industrial e expandiu-se, ganhando corpo nos países hoje conhecidos como países ricos da Europa e da América do Norte. Após o término da Segunda Guerra Mundial, os países industrializados expandiram sua forma de organização empresarial rumo aos países pobres do planeta, apresentando-se como exemplo de organização a ser seguido para vencer os problemas da pobreza, do atraso, do subdesenvolvimento.

Em sociedades como a nossa, cuja vida econômica se orienta pelo sistema capitalista de produção, toda esta forma de organização empresarial visa alcançar a maior produção possível, com os menores gastos, para obtenção do maior lucro imediato.

No pós-guerra, através de uma teoria desenvolvimentista, atribuía-se a esta forma de organização de trabalho a resolução de nossos mais aflitivos problemas econômicos. Foi um momento de euforia em que os inconvenientes deste modo de produção não foram previstos e considerados. Foram necessários alguns anos de convivência de nosso país com a industrialização para nos darmos conta de aspectos problemáticos decorrentes desta forma de produção que, se não cuidados, resultam em problemas com a mesma gravidade dos econômicos e sociais que se pretendia resolver. Um deles diz respeito aos dejetos e ao lixo industriais, que precisam ser colocados ou depositados em algum local, e dos gases tóxicos expelidos pelas fábricas através da fumaça, decorrente de determinados processos de produção empregados. Além dos próprios objetos produzidos, muitos deles com características poluentes, como é o caso dos automóveis e ônibus, quando movidos por energia produzida a partir de derivados do petróleo, responsável pela excreção de gases nocivos ao meio ambiente, bem como de alguns tipos de *spray* colocados no mercado especialmente pela indústria de cosméticos, tais como alguns laquês, desodorantes etc., e que são agentes poluidores da atmosfera.

Tais problemas são todos solucionáveis quando estudados e focalizados racionalmente, aplicando-se também a eles os princípios racionais que orientam a organização empresarial do trabalho. Todavia, as medidas necessárias à resolução de tais problemas custam dinheiro, elevando o custo da produção e dos produtos. Tais gastos colidem com o objetivo maior e razão de ser de toda empresa capitalista: obtenção do maior lucro imediato possível.

Esta forma de organização do trabalho existente nas sociedades industriais capitalistas extrapola o ambiente empresarial, passando mesmo a se constituir num eixo de organização da própria vida das pessoas, de tal forma que todos nós, participantes deste sistema de produção, almejamos de alguma forma nossos "lucros imediatos", sem darmos muita atenção às suas consequências. Por exemplo, qual é o usuário de laquê em *spray* que deixaria de usá-lo por sabê-lo poluente da atmosfera, ou continuaria frequentando um determinado salão de beleza se seu dono se negasse a usar tais laquês por razões ambientais? Finalmente, qual seria o resultado concreto para o meio ambiente de ações esparsas e individuais como esta de um ou outro usuário de laquê ou de um ou outro profissional isolado?

A resposta a todas estas perguntas leva a posições fatalistas e cômodas, indicadoras de que nada é possível fazer neste setor, pois não temos nenhum "poder" de acabar com o uso de tais poluentes pela população. Diante disto, o problema parece deixar de ser "nosso" (da população), tornando-se de outros (políticos, empresários, produtores e distribuidores), e assim, enquanto estes nada fazem, vou usando *meu* laquê e obtendo o *meu lucro imediato*.

Esta maneira de encarar os problemas situando-os entre "nós" e os "outros", ou entre "eu" e "eles", é muito comum entre nós brasileiros e tem uma razão histórica que a explica: temos uma experiência de quase quatro séculos de colonialismo, seguida de aproximadamente um século de vida republicana, esta interrompida por dois momentos de regime ditatorial (1930-1945 e 1964-1982); portanto, nossa experiência de vida republicana é muito recente e suas interrupções demonstram sua fragilidade. Assim, a maneira de encarar os problemas é fruto de uma sociedade autoritária. Nestas o poder de tomar decisões é restrito a um pequeno grupo (políticos, empresários, fazendeiros), enquanto cabe ao resto da sociedade apenas obedecer.

Os modelos políticos autoritários "desresponsabilizam" os agentes sociais comuns, no que diz respeito à tomada de decisões ("não é tarefa nossa", "não nos diz respeito") ao mesmo tempo em que nos torna absolutamente inexperientes neste sentido, a tal ponto de ignorarmos que toda e qualquer decisão implica assumir riscos. Assim, ao escolhermos um determinado caminho para chegar a um ponto desejado, seja este o meu trabalho, um hospital, ou uma loja, decido assumir as incoveniências dele decorrentes, por achar que as conveniências são adequadas para o meu objetivo. Quero chegar logo para resolver um problema urgente, portanto enfrento as dificuldades deste caminho (os perigos de um chão muito irregular, por exemplo, ou a falta de segurança, fruto de seu isolamento) por ser mais curto e mais rápido. Se escolhesse o caminho bom e seguro, porém mais longo, evitaria os riscos do chão ruim e da pouca segurança, todavia, correria o risco de, ao chegar, o problema a ser resolvido ter-se complicado de tal forma que dificultasse muito sua solução.

A inexperiência e desresponsabilidade em relação a decisões criam:

a) a crença ingênua de que existem decisões ideais, decisões sem riscos a serem assumidos junto com seus benefícios;

b) a situação dicotomizada que se concretiza no "nós" (pessoas comuns) e "eles" (os detentores do poder);

c) o fatalismo que nos leva a acreditar que "nós" nada podemos em relação às questões de nosso mundo e de nossa vida, atribuindo sua resolução exclusivamente a "eles" (os detentores do poder);

d) o comodismo que assumimos diante de nossa suposta "impotência", segundo o qual não precisamos mudar nossos comportamentos costumeiros.

Desta maneira não nos comprometemos com as decisões tomadas, não nos damos conta de que somos coniventes com elas e que com elas compactuamos na medida em que nada fazemos para mudar o rumo das coisas. E assim, por um caminho tortuoso, estamos contraditoriamente comprometidos com as decisões que não tomamos, que criticamos, que são "dos outros", que são "deles" e que são "nossas" também.

Destrinchar esta contradição é importante e necessário para podermos nos situar neste jogo de forças de tal forma a agirmos a nosso favor e não reforçando decisões que reprovamos, que não tomamos e que nos prejudicam.

Enfrentar esta contradição requer a construção e o exercício de nossa cidadania de maneira plena.

A cidadania diz respeito a um Estado de Direito que ganha corpo nas sociedades em que a organização política (o poder de tomar decisões e de administrar a vida pública) se orienta por princípios democráticos. De acordo com tais princípios, a população como um todo, compreendida nos seus mais diferentes segmentos, tem o direito de participar da tomada de decisões e da administração da vida pública, seja indiretamente por intermédio de representantes por ela própria escolhidos, seja diretamente através de formas organizadas de participação coletiva nestas tarefas. Nas sociedades democráticas contemporâneas, tais direitos e deveres encontram-se expressos e registrados na Constituição que rege a vida dessas sociedades, elaborada pelos representantes dos agentes sociais, por estes eleitos pelo voto direto para atender às necessidades expressas por seus representados.

Portanto, a cidadania diz respeito ao exercício, à vivência dos "direitos e deveres do cidadão", expressos na Constituição de cada país.

O mais leve exame destes direitos e deveres constitucionais revela que eles dizem respeito a "bens" necessários e desejados pelo ser humano:

a) aqueles que não são produzidos por qualquer processo empresarial, como o direito à vida, à liberdade (de associação, expressão de pensamento, de crença, de locomoção etc.), à justiça, além de bens produzidos pelo processo empresarial sobre os quais temos o direito de propriedade;

b) aqueles cuja obtenção implica "deveres" de participação do ser humano como condição necessária para a existência de tais bens e para a garantia de acesso a tais bens por contingentes populacionais cada vez mais amplos, como o dever de preservar a qualidade do ar, da água, dos ambientes, dos alimentos utilizados pelo homem para sua sobrevivência, o dever de propiciar um salário condizente com as necessidades básicas do ser humano, o dever de pagar os impostos etc.

Se observarmos as constituições de um país ao longo do tempo, constataremos que os direitos e deveres não são sempre os mesmos. Essa mudança revela que eles são historicamente construídos. Em outras palavras, diferentes condições históricas geram necessidades humanas diferentes. Como a cultura é um processo, novos elementos culturais (sejam eles uma nova maneira de produção, uma nova crença ou uma nova forma de administração) criam novas necessidades que, para terem a garantia de serem satisfeitas, precisam ser transformadas em direitos do cidadão.

Um exemplo bastante atual é o da engenharia genética. Este ramo da Ciência Biológica adquiriu, através dos cientistas que pesquisam esta área, a habilidade de manipular e de interferir no material genético dos organismos vivos. Este material genético[1] é constituído pelo ácido desoxirribonucleico, quimicamente semelhante em todos os seres vivos. Esta semelhança permite que tanto um gene[2] humano seja transferido para um micro-organismo, como uma bactéria e também, teoricamente, esta transferência é passível de ser feita em sentido inverso, ou seja, de um outro organismo para o ser humano. Por isso hoje, mais do que nunca, a diversidade das espécies existentes no planeta é preciosa frente à possibilidade aberta pela Engenharia Genética. É nas florestas dos países do Terceiro Mundo que a biodiversidade se concentra. Porém, os detentores da tecnologia que permite a exploração da biodiversidade localizam-se nos países do hemisfério norte. Este fato ilustra como a história da humanidade vai gerando situações novas, que criam necessidades de o homem ordenar de alguma forma os seus comportamentos frente às novas realidades que surgem.

A dimensão das consequências possíveis desta interferência deliberada do homem no material genético das diferentes espécies não são ainda previsíveis em toda a sua extensão. As linhas divisórias entre as possibilidades problemáticas (está em jogo a própria natureza das espécies) e as possibilidades positivas (melhoria de linhagens de animais que servem de alimento ao homem, a criação de novas raças) decorrentes

1. Responsável pela determinação das capacidades de cada espécie.

2. Unidade genética responsável pelas diferenças de determinado caráter de uma dada espécie.

da própria possibilidade de alteração das espécies, são muito tênues. Esta situação coloca às sociedades atuais a necessidade de indagações. Por exemplo: a diversidade das espécies animais e vegetais existentes nas florestas dos países pobres não tem beneficiado até agora os seus países de origem com os rendimentos provenientes de produtos originados da transformação desta matéria-prima pelas tecnologias dos países avançados. Desta forma, os países de Terceiro Mundo encontram-se na seguinte situação: são possuidores da riqueza genética que origina bens de alta importância para a humanidade, mas não têm condições de se servirem desses bens, devido aos altos preços com que são postos no mercado.

O uso da Engenharia Genética em processos desenvolvidos por indústrias químicas e farmacêuticas, ligados à produção de alimentos e medicamentos, vem evidenciando os benefícios que esta tecnologia pode trazer à humanidade em termos de quantidade e qualidade. Por isso mesmo, tal tecnologia torna-se alvo de grandes interesses econômicos do setor industrial, mais comprometido com o lucro imediato do que com os interesses do ser humano.

Possibilidades tão controvertidas colocam para as sociedades atuais novas questões de direitos e deveres.

Os países ricos detentores da biotecnologia (processos de produção a partir de seres vivos) cobram preços muito altos para transferir suas "receitas" para outros países, alegando que elas pertencem às indústrias que têm patentes[3] sobre elas e por isso só as transferem mediante pagamento de *royalties*.

---

3. Patente: direito garantido por lei de obter rendimentos econômicos sobre uma invenção, seja ela "um processo" de produção de alguma coisa ou um produto criado. Este direito surgiu após a Revolução Industrial como recompensa e estímulo a inventores.

Diante desta situação, os países detentores dos recursos genéticos (biodiversidade) começam a cogitar formas de obter rendimentos pela posse de tais recursos, que inclusive lhes possibilitem obter os produtos com eles produzidos. Começam a cogitar de substituir o livre acesso de outros países à sua diversidade biológica pela criação de patentes sobre ela. Esta é uma questão que não diz respeito somente aos interesses de cientistas e industriais, mas a toda a população, uma vez que estão em jogo necessidades humanas vitais. Suponhamos que um determinado país consiga produzir, através da biotecnologia, uma vacina contra a Aids. Patentear-se o produto impede que outros países desenvolvam suas pesquisas neste setor para produzir outras vacinas semelhantes, e a humanidade fica na dependência dos preços que este país produtor determinar. Patentear-se o processo (receita, modo de fazer) deixa em aberto a possibilidade de que outros países pesquisem e criem um produto concorrente, o que poderá de alguma forma limitar o preço e até mesmo melhorar a qualidade. Em qualquer dos casos, porém, o dono dos produtos e os detentores dos preços serão os países desenvolvidos, detentores atuais da tecnologia. E poderá ocorrer mesmo que os próprios países fornecedores da matéria-prima biogenética não tenham condições de pagar o preço do remédio que ajudou a produzir.

Esta situação tem levado os países detentores do patrimônio biogenético a discutir a criação de patentes que permitam cobrar o acesso à sua riqueza.

Questões importantes, principalmente de natureza ética, decorrem destas discussões.

Patentear a riqueza biogenética é o mesmo que patentear a vida. Quem teria o direito de usufruir benefícios sobre a vida de algum organismo? O que conferiria tal direito? Finalmente, a vida ainda não é invenção de ninguém para que vire propriedade de alguém que dela venha a usufruir ganho econômico e o poder de alterá-la de tal forma a influir na vida de todos. Além disso, a vida se manifesta em diferentes formas, desde os micro-organismos até os seres humanos. Lembramos que já houve momentos da história em que seres humanos viraram propriedades de outros seres humanos, legitimadas por lei, como, por exemplo, através da escravidão ou da condição de prisioneiros de guerra. Portanto, esta nova situação criada pelo avanço da ciência neste momento atual de nossa história gera necessidades que não dizem só respeito aos cientistas ou às empresas industriais que utilizam estas descobertas, mas referem-se a toda a humanidade no sentido de que, além de dizerem respeito a seus interesses de sobrevivência (saúde e alimentação), dizem respeito a direitos tais como à vida e à liberdade, valores maiores da espécie humana.

Encontramo-nos pois diante de uma situação nova que requer a criação de novos direitos e deveres. Quem deverá criá-los? "Eles", os cientistas, os empresários e os representantes por nós eleitos? Mas, se os nossos representantes forem também empresários, serão capazes de enxergar as questões em discussão do nosso ponto de vista, que é diferente daquele dos empresários? Como resolver isto? A participação de todos os interessados e atingidos de forma organizada é o caminho que se vislumbra. E desta maneira o modelo de *democracia representativa* cede lugar ao modelo de *democracia participativa*. Esta é a situação que enfrentamos hoje para a construção de uma democracia de fato. A democracia representativa não dá conta das múltiplas questões postas pela atualidade, no que diz respeito à saúde, alimentação, educação, moradia, soberania dos povos etc. E a democracia participativa é a construção que temos que empreender, baseada em valores que vão muito além dos lucros econômicos e que dizem respeito principalmente aos bens essenciais da espécie humana, como vida, liberdade e dignidade dos povos. Tal organização se aprende a construir ao longo da própria prática histórica de participação, a qual deve incluir vários "locais sociais" já existentes, dentre eles, a escola, na qual é possível desenvolver, através de estudos, pesquisas e reflexões, os nossos conhecimentos, nossa compreensão e consciência sobre o tema.

Ações coletivas organizadas, visando ao estabelecimento de metas desejadas, reúnem forças sociais e as canalizam nas direções pretendidas, explicitando aos nossos representantes os interesses que "cumprem representar" e que não necessariamente coincidem com os seus pessoais, tornando transparente a natureza dos interesses públicos.

3

Por um desenvolvimento sustentável

Como enfrentar o desafio posto pela industrialização, com seu resultado simultaneamente produtivo e predatório?

Como entender esta aparente contradição? Os países europeus e da América do Norte, onde a industrialização ocorreu, conheceram uma produtividade sem precedentes que lhes valeu o reconhecimento mundial de "países desenvolvidos". A partir daí, os países pobres, de estrutura econômica de base agrária, passaram a ver no processo industrial a causa de tal desenvolvimento.

Assim, providenciar a industrialização a qualquer preço passou a ser a meta dos países pobres.

Vivendo condições históricas diferentes daquelas dos países desenvolvidos, os países pobres participaram deste processo de um modo diferente. Desprovidos da tecnologia e do *know-how*, ou seja, das receitas de como produzir industrialmente, dispunham de fartura de mão de obra e de matéria-prima.

Como a industrialização é um processo abrangente, que não se satisfaz e não se esgota dentro de um mesmo país, interessava aos países desenvolvidos ampliar o mercado produtor e consumidor, expandindo assim a feliz experiência econômica.

Nestas condições, os países pobres com economia de base agrária constituíram-se como o campo ideal para exportação de tecnologia e para expansão das indústrias dos países desenvolvidos, que então se desdobraram em multinacionais, espalhando suas unidades industriais pelo mundo. Os baixos salários oferecidos a uma mão de obra farta e desqualificada, empréstimos contraídos no exterior com a importação de tecnologia pelos países pobres, dívidas externas, remessas de lucro das multinacionais para o exterior, revelam a industrialização dos países pobres com resultados diferentes dos até então observados nos países desenvolvidos.

Esta expansão industrial em escala mundial, efetuada sem as devidas precauções legais referentes aos possíveis efeitos nocivos naturais e sociais, aceleraram a ocorrência do lado perverso deste processo, evidenciando-o.

Todavia, se os efeitos prejudiciais ao meio ambiente natural, tais como poluição das águas, do ar, rompimento da camada de ozônio da atmosfera, entre outros, são hoje amplamente destacados, o mesmo não se pode ainda dizer dos efeitos sociais nocivos desta forma de industrialização, muitos deles potencializadores e reforçadores da predação natural.

As impositivas questões da sobrevivência imediata, tais como alimentação, moradia e transporte, de solução inadiável por dizerem respeito à própria preservação da vida, ficam entregues a iniciativas individuais, num verdadeiro "salve-se quem puder".

Uma população de trabalhadores pauperizados e malremunerados, sempre ameaçados pelo desemprego, em uma economia exploradora, em que a oferta de mão de obra é maior do que a capacidade de absorção do mercado de trabalho, consome sua energia numa jornada diária estafante. Em torno desta, uma outra população alijada do mundo produtivo, no qual não encontra lugar, engrossa as fileiras da marginalização.

Desprovidos ambos de garantias sociais, como um serviço de educação de qualidade propiciador da consciência dos direitos e deveres do cidadão e do desenvolvimento da consciência cívica, que considera a presença do "outro" em cada atitude individual, estas populações pauperizadas e marginalizadas engrossam nas escolas as fileiras da repetência e da evasão. De outro lado, o ensino desenvolvido nas instituições escolares existentes, alheio à realidade em que se situam e de onde provém sua população, ajuda a fechar o "círculo do horror". O direito à educação, enquanto garantia social, fica letra morta, existente apenas no papel. Na realidade mantém-se a ignorância retardando-se o desenvolvimento da consciência crítica construtiva, para a qual a escola pode e deve colaborar.

Aos efeitos sociais negativos deste modelo de produção industrial, a pobreza, a miséria e a ignorância, somam-se os efeitos naturais nocivos, potencializando-se reciprocamente.

Tão assustadores vêm-se apresentando tais resultados que em 1972 organizou-se a Primeira Conferência das Nações Unidas sobre Meio Ambiente, realizada em Estocolmo, cuja segunda versão conhecemos na Eco-92, que teve lugar na cidade do Rio de Janeiro.

Naquela ocasião, 1972, utilizou-se pela primeira vez a expressão "desenvolvimento sustentável", apresentada como recurso para enfrentar-se a difícil situação experimentada pelo mundo industrializado e ganhou corpo na atualidade, após o evento da Eco-92, apresentando-se como o argumento forte para se enfrentar hoje o paradoxo "desenvolvimento/destruição" posto pelo processo industrial tal como o conhecemos hoje. Negar esse processo significa desconsiderar a capacidade produtiva por ele gerada, bem como todo o avanço que a moderna tecnologia permitiu ao mundo conhecer, traduzida em confortos e recursos da vida cotidiana nos mais diferentes setores: na saúde, na vida doméstica, nos transportes, nas comunicações etc. Aceitar simplesmente o processo industrial tal como se apresenta hoje significa omitir-se diante da destruição ambiental (natural e social) que vem provocando e que acabará por destruir as condições de existência da própria industrialização.

A proposta hoje é enfrentar essa situação através de um desenvolvimento sustentável. Mas o que é exatamente "desenvolvimento sustentável"? De que se trata?

Segundo o *Relatório da Comissão Mundial sobre Meio Ambiente e Desenvolvimento*, desenvolvimento sustentável é aquele que "atende às necessidades da geração atual sem comprometer a capacidade de as gerações futuras atenderam as suas próprias necessidades".[1]

De significado aparentemente transparente, tal conceito na verdade apenas esclarece o sentido da palavra "sustentável", entendida como "atendimento às necessidades humanas sem o esgotamento das fontes de satisfação dessas necessidades", de forma que as gerações que estão por vir possam dispor dos mesmos recursos de que nos servimos. Em outras palavras, trata-se de não esgotar os recursos do mundo; trata-se de cuidar para que as próximas e futuras gerações herdem a Terra como um hábitat hospitaleiro e não insalubre.

Mas o que dizer sobre desenvolvimento? O que se compreende por esta expressão? Que noção é esta? Para muitos,

---

1. Relatório Brundtland, 1987, apud José Goldemberg, Energia para um mundo sustentável. *Correio da Unesco*, ano 20, n. 1, jan. 1992.

sinônimo de progresso, a expressão tem sido traduzida como a quantidade de riquezas produzidas por um país. Satisfatória, talvez, às ambições político-econômicas da era mercantilista do século XVII, em que um Estado poderoso diante de outros Estados tinha precedência sobre os interesses dos indivíduos, essa tradução não corresponde mais às expectativas do mundo às vésperas do século XXI. Assistimos hoje a uma ampla discussão a respeito do Estado e de suas funções. Experimentamos mesmo nós, brasileiros, recentemente, uma situação paradoxal. Nos anos 1980, chegamos a ser considerados a oitava economia do mundo, enquanto nossa sociedade se pauperizava a cada dia, atingindo níveis de miséria alarmantes e sem precendentes em nossa história. O que significa isso? Como tal classificação é elaborada? O que este contraste revela? Significa, em primeiro lugar, que uma economia produtiva pode tornar um Estado forte diante de outros Estados, o que não garante em nada a saúde, a prosperidade, a liberdade, a qualidade de vida, enfim, dos indivíduos que compõem a sociedade compreendida por este Estado. A história vivida por nosso país demonstrou que a teoria segundo a qual "é preciso fazer crescer o bolo da economia" — que orientou o fenômeno do "milagre brasileiro" — não garante a partilha do bolo pela população que o produziu. Diante da "teoria do bolo", é preciso perguntar: para quem se produz o bolo? Quem deverá se servir dele?

O oitavo lugar alcançado pela economia brasileira na década de 1980, deslocada para o 11º lugar no final da década, foi obtido numa classificação chamada "lista das maiores economias do mundo". É elaborada a partir da comparação de um dado absoluto, o PNB (Produto Nacional Bruto) total de cada país. Desconsidera-se o tamanho da população do país, bem como a partilha pelos indivíduos dos bens produzidos. Por isto apresenta uma falsa ideia da qualidade de vida dos habitantes do país, além de classificar países de população. bastante pobre na frente de países prósperos, de população com bom nível de vida.

Considerando os problemas desta forma de medida e classificação do desenvolvimento dos países, o Banco Mundial adotou, no Relatório sobre o Desenvolvimento Mundial, o critério do PNB *per capita*. Por este critério, o Brasil ocupou, em 1992, o 37º lugar entre 125 países do mundo. Como não vivemos numa sociedade igualitária, onde a participação dos bens produzidos é garantida em igual proporção a todos os indivíduos, este 37º lugar alcançado é falso, na medida em que pode ocorrer que nenhum cidadão esteja realmente partilhando do PNB na proporção correspondente ao PNB *per capita*. Haverá sujeitos partilhando de uma proporção muito maior do PNB médio, enquanto a grande maioria partilha de uma proporção muito inferior a ele. Haverá pessoas nesta sociedade cujo padrão de vida econômico é comparável ao de pessoas de um país que ocupou nesta mesma classificação o 10º ou o 5º lugar, enquanto outras terão um padrão de vida econômica, equivalente ao de pessoas de um país que ocupou nesta mesma classificação o último lugar, ou até mesmo de países que se encontram desclassificados. É bom lembrar que dentre os detentores das maiores fortunas do mundo, encontram-se alguns brasileiros.

Na tentativa de corrigir estas imprecisões foi criado o IDH (Índice de Desenvolvimento Humano), noticiado pela primeira vez no Relatório do Desenvolvimento Humano, das Nações Unidas, em 1990. Baseia-se na definição de desenvolvimento como "um processo de ampliação do campo de oportunidades oferecidas à população de um país". Nesta nova compreensão de "desenvolvimento", os recursos econômicos de que dispõe o indivíduo são um fator importante de acesso às oportunidades, porém, somam-se a ele: a saúde, a longevidade (que ampliam o tempo de acesso às oportunidades) e a educação a qual possibilita o acesso ao conhecimento já produzido pela humanidade. Combinando estes três índices — a) expectativa de vida ao nascer; b) grau de escolaridade e alfabetização da população; c) nível de renda *per capita*, foi calculado, em 1991, o IDH de 130 países com população acima de um milhão de habitantes. A observação dos dados do Quadro 1 evidencia como a consideração de itens que dizem respeito à qualidade de vida da população, como saúde e educação, introduz grande mudança no que se tem chamado de nível de desenvolvimento dos países.

QUADRO 1

Comparação de Índices de Desenvolvimento — 1991

Países	**Expectativa de vida em anos**	**Anos de escolaridade**	**PNB US$**	**IDH 1991 130 países**	**PNB *per capita* — 1992 (US$)**
Brasil	65,6	3,3	46.20	60º	26.80
Costa Rica	74,9	5,6	43.20	40º	19.00
Arábia Saudita	64,5	2,7	93.50	69º	70.50

Fonte: Fonseca, Eduardo G. O que é desenvolvimento econômico. *Folha de S.Paulo*, 2/1/1994.

Este quadro revela claramente a insustentabilidade da compreensão do termo desenvolvimento, focalizado apenas pela dimensão econômica. Um país como a Arábia Saudita, de altíssima renda *per capita*, apresenta os mais baixos índices de escolaridade e de expectativa de vida, enquanto a Costa Rica, país de menor renda *per capita* entre os três considerados, apresenta os mais altos índices de expectativa de vida e de anos de escolaridade. Isto destaca a importância da escolaridade e do acesso à educação, na qualificação da vida, pois a ignorância de uma população cria as condições ideais para o mau emprego e má versão de um alto PNB, posto a serviço de uns poucos indivíduos, em detrimento da sociedade como um todo. O acesso às oportunidades inclui o acesso ao saber produzido e acumulado pela sociedade. Neste saber é que se encontram os recursos para a compreensão do funcionamento de nossa sociedade e da luta pela sobrevivência enquanto fenômeno social e, portanto, coletivo e não individual, que diz respeito a todos nós e que, por isso, requer formas organizadas e coletivas de se lidar com ele, bem diferentes de soluções aleatórias e do "salve-se quem puder".

Um exemplo que ilustra com clareza esta afirmação é a *Campanha da Cidadania contra a Miséria e pela Vida* em curso desde 1993 no Brasil, coordenada por Betinho (Herbert de Sousa), sociólogo e diretor do Instituto Brasileiro de Pesquisas (Ibase). Sensibilizado pelo problema da fome no país, criou um esquema simples de organização para a população interessada em ajudar a "matar a fome do seu próximo", enfrentando esta terrível contradição de um mundo com capacidade de abastecimento, onde convivem lado a lado, supersafras, miséria, fome e desnutrição; começando assim a lidar com este paradoxo a partir de uma ação civil, a partir de cidadãos organizados, a partir da própria sociedade. Solicitando e encontrando apoio em diferentes setores institucionalizados da sociedade (em especial os meios de comunicação e organizações civis como escolas, associações profissionais etc.), levantou até agora toneladas de alimentos que vêm sendo distribuídos à população carente. Já no seu segundo ano, a campanha avança na direção da criação de empregos, em uma ação conjunta com prefeitos de todo o país. A campanha parte da necessária assistência (há seres humanos passando fome, crianças morrendo de desnutrição) caminhando para a criação de condições de autonomia e cidadania através do trabalho.

Assistimos hoje a uma revolução científica e tecnológica que altera profundamente o nosso hábitat, a Terra, e o nosso modo de vida nela. Segundo Alvin Toffler (1980), o sistema de criação de riquezas não mais se baseia no trabalho agrário dos campos da Primeira Onda, nem no trabalho muscular das fábricas da Segunda Onda, mas sim no conhecimento da Terceira Onda. O conhecimento substituindo a terra, mão de obra, capital e outros meios econômicos tradicionais.

Tomando-se por exemplo a China, um país que não é do Terceiro Mundo, observamos, conforme Toffler, que chaminés da Segunda Onda (indústrias baseadas no modelo da Revolução Industrial) multiplicam-se ao lado de bolsões de indústrias primordialmente alicerçadas no conhecimento da Terceira Onda (indústrias calcadas no modelo da revolução tecnológica) num país em que 600 milhões de trabalhadores rurais lavram a terra numa existência de Primeira Onda (revolução agrária), anunciando elites distintas em rota de colisão de interesses ao lado de disparidades regionais e de classes, capazes também de "explodir".

Em países como o Brasil, a convivência das três ondas compõe a realidade cotidiana, acentuando cada dia mais as disparidades sociais, criando verdadeiros fossos entre os diferentes segmentos sociais que compartilham (os que conseguem) os mesmos espaços sociais, no trabalho, na escola, por vezes até na família, entre outros, além de deixar fora (marginalizar) de quaisquer espaços sociais organizados, institucionalizados, enormes contingentes populacionais. São elementos comuns de nossas paisagens urbanas hoje: o menor abandonado, os sem-teto, os miseráveis, os ensandecidos pacíficos e agressivos.

Partindo tanto das considerações de Toffler, como das constatações que se pode fazer do que acontece à nossa volta, "revoltas de ricos" e "revoltas de pobres" prenunciam-se com clareza considerável se a circulação do conhecimento não for agilizada com a rapidez de que necessitamos para fazer do *saber, da racionalidade e do humanismo instrumentos de sobrevivência da nossa espécie, em vez da "força bruta" que eclode nas revoltas*. O aprimoramento da brutalidade de que somos capazes e de que são exemplo as duas guerras mundiais (1914-1918 e 1939-1945), a Guerra do Vietnã, a Guerra do Golfo, entre outras, evidencia a contraditória *fragilidade desta força bruta, recurso único das espécies irracionais, muitas das quais já extintas em razão do uso desta mesma força*. Alternativa descartável entre os seres humanos, à qual apenas o saber, o bom senso e a consciência crítica de sólida formação podem fazer frente, a força bruta tem tido uma permanência indesejável ao longo da história como demonstram os fatos já citados. Usar, pois, as lições da história é urgente.

Três focos de polêmica, decorrentes dos recentes avanços científicos, concentram hoje as atenções sobre si, ampliando as questões postas pelo processo de industrialização: a clonagem ou manipulação de embriões; a aplicação de testes genéticos que possibilitam a identificação de características genéticas, e o direito de propriedade intelectual (patenteamento) de produtos derivados de seres vivos.

O uso industrial ou político que poderá ser feito destes avanços científicos apontam para um possível agravamento das questões ambientais, naturais e sociais, já postas por um processo de industrialização que, voltado prioritariamente para a geração de lucro, desconsidera questões primordiais referentes à qualidade de vida.

A clonagem ou manipulação de embriões, por exemplo, já possibilita a produção de gêmeos idênticos, através da reprodução programada, regulamentada no Brasil desde novembro de 1992. Acompanhar os casos históricos e a evolução da técnica de controle dos nascimentos pode dar uma ideia de novas situações que passam a ser vividas.

Contra Naturam

Casos históricos e evolução da técnica de controle do nascimento — 1780-1993

1780	O italiano Lazzaro Spallanzani mostra que o contato entre o sêmen e o óvulo é essencial para o desenvolvimento de um novo ser. Spallanzani realiza também as primeiras inseminações artificiais em pequenos animais e em um cachorro.
1949	É desenvolvida a técnica de congelamento de sêmen por glicerol, o que causa uma "explosão" da inseminação artificial.
1956	Primeiros êxitos na fertilização — união do óvulo e do espermatozoide — fora do útero.
1961	Pesquisadores italianos mantêm numa proveta, por 29 dias, um embrião fecundado artificialmente.
1970	Primeiras experiências divulgadas sobre fertilização *in vitro*.
1978	Nasce o primeiro bebê de proveta, na Inglaterra.
1980	Pela primeira vez uma mulher reconhece que foi "mãe de aluguel" — emprestou o útero para a gestação do filho de outra mulher.
1983	Uma "mãe de aluguel" dá à luz uma criança microcéfala. Ninguém quer ficar com o bebê, que é entregue a uma instituição para crianças abandonadas.
1986	Nasce o primeiro bebê com o sexo predeterminado.
1987	Pela primeira vez uma avó dá à luz aos seus netos — uma sul-africana de 48 anos desenvolveu em seu útero os filhos (trigêmeos) de sua filha de 25 anos.
1987-88	Ingleses escolhem o sexo de embriões de três dias em proveta. O objetivo é evitar que nasçam crianças com doenças hereditárias ligadas ao sexo em famílias predispostas a esses males.
1989	Primeira transferência de genes para seres humanos. É o começo das terapias gênicas — que podem curar doenças hereditárias.
1989	A França começa a discutir o primeiro Código de Bioética do mundo.

1990	Primeira terapia gênica em humanos, em uma menina de quatro anos que sofria da "doença da bolha de plástico", imunodeficiência grave e até então incurável.
1992	Divulgam-se os primeiros testes de doenças genéticas em embriões de poucos dias.
1993	Multiplicam-se os casos de gravidez artificial em mulheres pós-menopausa. Cientistas ingleses pretendem usar células de fetos mortos para fertilização artificial.

Fonte: (*Folha de S.Paulo*, 23/3/1994, caderno Mais)

Na década de 1970 a Justiça do Estado norte-americano de Nova York discutia se um filho gerado por inseminação artificial (fertilização *in vitro*, fora do organismo humano, o chamado bebê de proveta) era legítimo ou não. Questões de herança e pensão provocaram discussões desta natureza, anunciando que uma nova ordenação jurídica precisa acompanhar as novas situações a serem experimentadas pela humanidade.

Além disso, riscos tais como questões de saúde das crianças e das mães no caso da multiplicação de plurigêmeos artificiais resultantes do que se convencionou chamar de reprodução assistida precisam ser consideradas com a mesma prioridade despertada pelas questões éticas decorrentes desta biotecnologia. Para além das questões de paternidade legítima e de herança, questões de saúde, hoje vistas como "colaterais" ou "subprodutos", não se separam das questões éticas que nos afetam. Pois dizem diretamente respeito à integridade física de seres humanos já existentes e integridade física e social dos organismos alterados geneticamente. Não é difícil imaginar o que faria um Hitler no mundo de hoje em que existem cerca de três mil bancos de embriões congelados onde células e tecidos celulares humanos são utilizados em pesquisas veterinárias. A clonagem de embriões já costuma ser feita com outros animais e uma pequena mudança na tecnologia permite que seja feita com o homem. A possibilidade de produção do ser "humano programado" está posta. O "gênio" e o "monstro" estão presentes num cenário que hoje é de riscos e de possibilidades. Amanhã, ou talvez ainda hoje ao entardecer, comporão um cenário de certezas. "Franksteins" e androides deixam o mundo da ficção e ganham espaço na realidade. Urge aproveitar as lições da história, pois Hitler não está tão distante que não se encontrem na face da Terra seus descendentes e ferrenhos adeptos. As ondas do neonazismo ilustram os fatos e os *skin-heads* são um exemplo próximo desta realidade no Brasil.

A aplicação de testes genéticos já permite a identificação de genes responsáveis por quase seis mil diferentes doenças genéticas, com possibilidade de serem ou terem descendentes afetados. Excetuando-se as doenças para as quais já existem tratamentos e podem, portanto, ser controladas a partir desses testes, a aplicação dos mesmos geram amplas discussões. Cogita-se qual será o comportamento das companhias de seguro de saúde se for possível prever a causa mais provável de nossa morte ou a longevidade de um indivíduo. No caso de doenças como a síndrome do "X frágil", que causa deficiência mental, a polêmica se instaura entre os possíveis efeitos benéficos e maléficos provenientes da identificação de portadores de genes responsáveis por ela. Entre os benéficos, considera-se a possibilidade de se poder oferecer aos portadores do "X frágil" uma profusão de serviços de professores, médicos, terapeutas, para contornar suas dificuldades. Entre os efeitos negativos, o estigma e a discriminação de que podem ser vítimas até os portadores com disfunção mínima, são encarados como um alto risco, do qual já existem precedentes. Afirma Webb (1994) que um teste de "X frágil" com resultado positivo já levou uma empresa de seguro médico a retirar a cobertura de saúde da criança em questão. Por se tratar de doença que não mata, sua cobertura significa despesas a longo prazo para as companhias de seguro. Em outro caso também por ele relatado, a confirmação do "X frágil" em um dos quatro filhos de uma família levou um convênio de saúde a suspender a cobertura de todas as pessoas do grupo.

No caso de patenteamento de seres vivos, o Brasil, pressionado pelos Estados Unidos, que nos ameaçam com sanções comerciais se não providenciarmos uma lei de patentes, aprovou através da Câmara de Deputados o Projeto Lei n. 115, conhecido como "Lei de Patentes". Este projeto é atualmente examinado e estudado pelo Senado Federal. A versão da Câmara limita as patentes a micro-organismos alterados geneticamente e ligados a um processo industrial. Divergem as opiniões a respeito deste assunto. Para Enni Candotti, físico e ex-presidente da Sociedade Brasileira para o Progresso da Ciência (SBPC), se um mesmo organismo usado em dois processos diferentes tem que ser patenteado duas vezes, então o patenteamento na realidade não incide sobre o ser vivo, mas sobre o processo industrial, o que se torna então mais aceitável. Já o diretor da Empresa Brasileira de Pesquisa Agropecuária (Embrapa), Márcio de Miranda Santos, manifesta posição contrária a patentear qualquer ser vivo e argumenta que no projeto de lei as palavras "micro-organismos" e "processos industriais" carecem de definições claras. Adverte que se o governo brasileiro adotar esta lei antes de criar legislação que regulamenta o acesso de pesquisadores e empresas estrangeiras à rica biodiversidade concentrada em suas florestas corre o risco, por exemplo, de ter que pagar, e pagar um bom preço, por um fungo da Amazônia com genes modificados, sem que a empresa estrangeira tenha pago um centavo pela matéria-prima genética.

Servindo-nos de todas estas considerações, é preciso voltar à nossa questão inicial. O que podemos entender por *desenvolvimento sustentável?* Chegamos a que "desenvolvimento sustentável é um processo de ampliação do campo de oportunidades oferecidas à população de um país de tal forma que, atendendo da melhor maneira possível às necessidades das gerações atuais, se preserve a capacidade e as possibilidades de as gerações futuras atenderem às suas próprias necessidades".

Ampliar o campo de oportunidades oferecidas à população de um país implica garantir o acesso ao conhecimento já produzido pela humanidade; preservar a capacidade das gerações futuras atenderem às suas necessidades implica a mesma coisa.

O acelerado avanço que a produção do conhecimento científico vem experimentando na atualidade tem colocado uma série de novas questões éticas, cujas decisões afetarão a vida de toda a população.

A quem caberá decidir sobre estas questões? Abismos profundos separam, por exemplo, o conhecimento dos cientistas dedicados à biologia e à genética do conhecimento dos representantes do povo — políticos legalmente investidos do poder de representar a vontade popular — e do conhecimento ao qual a maioria da população tem acesso. Baixos índices de escolaridade e escolaridade de baixa qualidade truncam a circulação do conhecimento científico na velocidade com que vem sendo produzido, mantendo na ignorância enormes contingentes populacionais, que reproduzem comportamentos e atitudes tradicionais diante de fenômenos completamente novos, incapacitados do exercício criativo de respostas, pela defasagem do conhecimento em que são mantidos.

É no acervo de conhecimentos produzidos pelas ciências sociais que se localiza o saber já produzido sobre as questões que hoje nos afligem. Se difundido e utilizado em grande escala não só pelos especialistas (seus produtores) e pelos políticos (representantes de um povo ao legislar sobre as situações sociais), mas pela própria população, como recurso para expressar suas necessidades e reivindicações, e tornar públicas, de maneira conjunta e organizada, as aspirações populares, este saber provindenciará e acelerará mudanças radicais na direção desejada e necessária da qualificação da vida das sociedades contemporâneas. De tal forma que o século XXI possa vir a apresentar um Estado fortalecido pela boa e digna qualidade de vida de sua sociedade, em substituição do atual, inadmissível e intolerável Estado fortalecido ao preço da pauperização de seu povo, modelo remanescente da era mercantilista.

Apenas para concretizar a distância que separa hoje o chamado "homem civilizado", imerso no mundo dos recursos tecnológicos, do conhecimento acumulado das ciências humanas e sociais, poderíamos dizer que temos "homens pré-históricos" com câmaras de vídeo nas mãos, cercados de computadores e tevês, pilotando naves espaciais, pilotando o planeta Terra. O que farão com toda esta parafernália em benefício de suas vidas, das de seus filhos e de seu hábitat? Como se protegerão do mau uso social que é possível fazer dela, como a história da atualidade vem demonstrando? Saberão eles traçar o mapa de seus destinos?

Questões de difícil decisão, de ampla repercussão na vida pública e em nossa vida privada estão a solicitar definições:

— a conveniência ou não da gravidez pós-menopausa para a mãe, para o filho, para a espécie humana;

— a aplicação ou não dos testes genéticos, seja para providenciar o tratamento das doenças genéticas com terapias e recursos já criados, seja para prevenir através do aborto terapêutico o nascimento de fetos portadores de defeitos genéticos para os quais ainda não se tem solução;

— os prós e os contras do cultivo de células extraídas de fetos ou de cadáveres para as pesquisas sobre fertilidade e a consequente produção de conhecimento sobre doenças genéticas ou congênitas e para a criação de métodos anticoncepcionais mais eficazes (teria o ser humano o direito de criar a vida a partir de uma mulher que já morreu ou de um ser humano que nunca chegou a existir?);

— a conveniência ou não do uso da energia nuclear;

— a necessidade de pôr um paradeiro nos efeitos nocivos do processo industrial de produção, preservando seus benefícios;

— a necessidade de pôr um paradeiro à fome, à miséria, às doenças num mundo com ampla capacidade de produção; são uns poucos exemplos da responsabilidade que temos pela frente.

Em que ombros deve cair esta responsabilidade? Como já vimos, a melhor resposta não é nem nos ombros dos representantes do povo, legalmente eleitos para tomar decisões em seu nome, nem nos ombros dos cientistas, detentores de um saber científico e tecnológico que lhes garante bastante autonomia sobre as questões em jogo. A dimensão de suas implicações carece de amplos debates e considerações, dos quais nenhum cidadão deveria ser excluído. Trata-se de decisões que não podem ser tomadas por pequenos grupos em nome do que quer que seja, pois afetam radicalmente a vida de todos nós. São questões de vida ou de morte. Dizem respeito à sobrevivência de nossa espécie e de nosso meio ambiente. De outro lado, trata-se de decisões que carecem de conhecimento específico, de acesso ao saber já produzido, de capacidade de autonomia de decisão e de criação de respostas criativas para poderem ser tomadas com menores riscos de erros.

Como os ventos e as águas não conhecem fronteiras, assim como, por exemplo, a poluição do rio Paraná no Brasil afeta diretamente os rios Paraguai e o Uruguai, através da bacia do Prata da qual é formador; assim como a poluição do rio Urubamba no Peru afeta o Brasil, através do rio Amazonas do qual é um dos formadores; da mesma forma como a poluição de qualquer rio polui os mares em algum grau, afetando nocivamente enormes espaços; assim como os ventos carregados de poluição fabril ou de radioatividade invadem espaços de países diferentes daqueles de onde são provindos; de igual maneira também a ação dos homens ultrapassa as fronteiras de seus territórios nacionais, em atitudes inconscientes algumas vezes, inconsequentes outras, ampliando a ação das águas e dos ventos, desconhecendo fronteiras. Uma explosão de uma usina nuclear, como a de Chernobyl na ex-URSS, pode atingir o Brasil com seus efeitos poluidores, através, por exemplo, da importação de leite e carne europeus originados de animais que pastaram em campos atingidos pela radiação emanada da usina nuclear.

De formas distintas, diferentes países têm lidado com estas questões. Leis diversas em vários países geram problemas. O controle da poluição de gases e dejetos fabris, que comprometem águas, ventos e o solo de um país, pode não ser exercido em outro. As águas e os ventos providenciarão a disseminação dos efeitos nocivos cruzando fronteiras. Da mesma forma a fertilidade e as pesquisas com embriões podem se tornar proibidas em alguns países e permitidas em outros. Basta a uma pessoa cruzar a fronteira de seu país para obter um tratamento que no seu é proibido.

No Reino Unido, por exemplo, no início de 1994, o HFEA (Human Fertility and Embriology Authority [Autoridade em Fertilidade e Embriologia Humana]), órgão britânico que controla as pesquisas relacionadas à fertilidade envolvendo embriões humanos, deu início a uma consulta popular sobre o tema. Publicou dez mil cópias de um documento esclarecendo os pontos principais, prós e contras, do uso de óvulos extraídos de cadáveres e de fetos abortados. Distribuiu este documento para instituições e personalidades, e hoje dispõe de uma lista com milhares de nomes de pessoas e instituições interessadas em opinar, além de receber telefonemas e anotar posições a favor ou contra. O HFEA pretende, no final de um período previsto para seis meses, emitir sua opinião oficial a respeito da regulamentação em questão. A persistir a polêmica sobre o tema, a regulamentação poderá ser votada pelo Parlamento, órgão de representação política do governo que deverá ter a palavra final. Daí em diante caberá ao HFEA a tarefa de divulgar e fiscalizar as regras aprovadas.

Trata-se de um exemplo histórico contemporâneo de como consultas à população em geral, a especialistas, a sociedades organizadas em associações e aos representantes políticos do povo podem ser conjugadas. Isto evidencia a necessidade de que o saber e a escolaridade se conjuguem nas ações populares, pois, caso contrário, estaremos correndo o risco de estabelecermos consultas populares através de plebiscitos ou referendos, que no fundo em nada se diferenciam qualitativamente da consulta de Pilatos ao povo, no julgamento de Cristo. Em outras palavras, sem o acesso ao conhecimento acumulado, sem a garantia do direito a uma educação de qualidade, estaremos simplesmente "lavando nossas mãos" diante destas questões, ainda quando amplamente debatidas.

A tradução do conhecimento das ciências da natureza em recursos da vida cotidiana, como câmaras fotográficas e de vídeo, aparelhos de comunicação (rádio, TV, CD, computador etc.), além de medicamentos e tratamentos de saúde, alimentos, integram a vida atual, apesar de em países como o nosso, de grandes disparidades, os benefícios ainda não atingirem a todos.

Ainda está para acontecer a tradução do conhecimento das ciências humanas e sociais em:

a) consciências críticas criativas capazes de gerar respostas adequadas a problemas atuais que enfrentamos e a situações novas que estão decorrendo do avanço da ciência;

b) desenvolvimento da cidadania que implica o conhecimento, uso e produção histórica dos direitos e deveres do cidadão;

c) desenvolvimento do civismo ou consciência cívica, que implica a consideração do "outro" em cada decisão e atitude de natureza pública ou particular.

A escola é seguramente um dos locais sociais onde esta tradução (ou este encaminhamento) pode e deve ser providenciado. Trata-se de tarefa a ser cultivada desde os primeiros anos de escolaridade. Tarefa séria e sistemática, porém não difícil, pois para ela se iniciar já existe um saber acumulado pelas ciências humanas e sociais capaz de dar conta dela, em grande parte. Basta para tanto que este saber esteja ao alcance e à disposição dos professores, que passe de saber acumulado a saber apropriado pelos professores para ser utilizado por eles como ferramenta de trabalho. É preciso que este saber seja trabalhado junto aos professores através de uma metodologia coerente com o conteúdo deste saber para que possam atuar adequadamente junto a seus alunos desde os primeiros anos de escolaridade. Propiciar este conteúdo e esta metodologia a professores que formarão nossas crianças e adolescentes é a meta ambiciosa que este livro persegue.

É nesta direção que se apresentam os dois capítulos a seguir. Um deles contendo as considerações metodológicas que viabilizam a realização do processo de ensino-aprendizagem, calcado nos conhecimentos provindos das ciências humanas e sociais; um outro oferecendo um material didático sob a forma de textos para serem utilizados na formação de professores, na direção de um desenvolvimento sustentável. Finalmente, uma sugestão de metodologia de trabalho, a partir de procedimentos coerentes com as considerações até aqui desenvolvidas, encerrará esta sequência.

Pretende-se com isto prestar a colaboração que a escola pode dar às questões da atualidade, na esperança de avançarmos de um Estado mercantilista para um Estado democrático, de direitos, no qual a acertiva contida na Declaração dos Direitos do Homem e do Cidadão venha a se realizar de tal forma que "todo o poder emane do homem e por *ele* seja exercido".

4

Meio ambiente e formação de professores: considerações metodológicas

Compreender as questões ambientais para além de suas dimensões biológicas, químicas e físicas, enquanto questões sociopolíticas, exige a formação de uma "consciência ambiental" e a preparação para o "pleno exercício da cidadania", fundamentadas no conhecimento das ciências humanas.

Informação e vivência participativa são dois recursos importantes do processo de ensino-aprendizagem voltado para o "desenvolvimento da cidadania" da "consciência ambiental".

Aquisição de conhecimentos e de conteúdos tais como:

— os direitos e deveres previstos em lei;

— que outros direitos e deveres se fazem necessários em situações novas;

— como novos direitos e deveres são construídos;

— o que é meio ambiente;

— como é o meu meio ambiente imediato (onde vivo);

— como os elementos do meio ambiente se transformam;

— como o meio ambiente reage às nossas ações;

bem como experiências de participação social que propiciem a vivência de comportamentos individuais e coletivos organizados para conhecer direitos, deveres, interesses, necessidades, ações desenvolvidas e consequências desencadeadas, são componentes necessários deste processo educativo.

Mais para além destas informações, a própria maneira como elas são adquiridas é que vai provocar o desenvolvimento da formação pretendida.

Uma coisa é ler e aprender os direitos e deveres definidos em uma Constituição, outra coisa é descobrir com as pessoas como estão lidando com estes direitos e deveres, na sua vida cotidiana e com que resultados. *Descobrir com as pessoas* significa *entrar em relação com elas*, desenvolver comportamentos em relação a elas, com esta finalidade, isto é, ter uma *experiência de participação social organizada especificamente para obtenção de determinado fim*.

Uma coisa é ler sobre o meu meio ambiente e ficar informado sobre ele, outra é observar diretamente o meu meio ambiente, entrar em contato direto com os diferentes grupos sociais que o compõem, observar como as relações sociais permeiam o meio ambiente e o exploram, coletar junto às pessoas informações sobre as relações que mantêm com o meio ambiente em que vivem, enfim, apreender como a sociedade lida com ele. Agir assim é experimentar comportamentos sociais em relação ao meu meio ambiente que permitem constatar suas características e as reações dele à nossa atuação. Sabemos que "aprende-se a participar, participando".

A escola é um local, dentre outros (trabalho, família, igreja etc.), onde professores e alunos exercem a sua cidadania, ou seja, comportam-se em relação a seus direitos e deveres de alguma maneira.

Em muitas escolas, é verdade, tudo se passa como se ela fosse algo eterno, imutável, pronto e acabado. Queixam-se professores de um lado, aborrecem-se alunos de outro e todos juntos perpetuam uma situação escolar praticamente insustentável, como se fosse uma fatalidade, cuja resolução não lhes dissesse respeito. Esquecem-se ambos de que existem os direitos e deveres do profissional professor, descritos no seu estatuto; existem os direitos e deveres da criança e do adolescente, recém-garantidos pela nossa Constituição. Para além deles, existem os interesses dos professores que podem querer formar em seus alunos este ou aquele tipo de consciência deste ou daquele modo, seja apenas informando os alunos, seja orientando experiências participativas para este aprendizado. Existem os interesses dos alunos, próprios de suas idades e do momento do seu processo de maturação, e que os faz vibrar, se envolverem, se empolgarem e aprenderem muito mais quando são sujeitos ativos e participativos do que quando são apenas leitores ou ouvintes.

Estes interesses podem estar aquém ou além dos estatutos estabelecidos. São na verdade a mola propulsora dos estatutos existentes e dos que estão por vir, pois tais estatutos e tais direitos e deveres já estabelecidos são produtos historicamente situados de ações humanas desencadeadas por sujeitos históricos, que se deram conta, em algum momento de suas vidas, da necessidade de assegurar, através do registro de uma regulamentação, a natureza de ações que consideravam importantes, corretas e necessárias para serem desenvolvidas.

Portanto, o desenvolvimento da cidadania e a formação da consciência ambiental tem na escola um local adequado para sua realização através de um ensino ativo e participativo, capaz de superar os impasses e insatisfações vividas de modo geral pela escola na atualidade, calcado em modos tradicionais.

Naquelas escolas em que os professores estão habituados a um modo mais tradicional (conservador) de ensinar, trabalhando apenas com a informação, perguntas inevitáveis seguem-se a esta afirmação.

Como fazer isto? É preciso deixar todo o trabalho que eu fazia de lado, ele não serve para nada? Nada é preciso conservar?

É preciso usar o conhecimento que o professor já dispõe sobre o trabalho escolar com a informação baseada no livro, que atesta a importância que as informações, o conteúdo escolar tem, para podermos compreender e lidar melhor com o nosso mundo e a nossa vida.

O professor vem atestando o desinteresse, o enfado, a desatenção de crianças e adolescentes quando colocados diante das exigências do estudo calcado apenas no ensino livresco; as respostas decoradas que daí resultam para as provas e para agradar o professor, encerrando na própria escola o ato de aprender. Pouco se leva da escola para a vida. E assim a vida vai se repetindo, se conservando. Perpetuando e multiplicando seus problemas.

É preciso então considerar, usar as constatações dos professores para organizarmos uma outra ação educativa que venha a resolver os problemas apontados, de tal forma a satisfazer melhor os interesses do professor, do aluno, das populações, enfim, da nossa vida.

Encontramo-nos, neste caso, diante de uma proposta de mudança. Portanto, nada mais adequado e necessário do que nos colocarmos algumas indagações: o que é preciso modificar? Por quê?

Em primeiro lugar, a nossa visão de mundo, porque a consciência ambiental apresenta uma compreensão do meio ambiente e da atuação do homem neste meio que avança em relação ao modo capitalista de compreensão do mundo, apontando para uma forma mais satisfatória de resolver as questões da sobrevivência humana. Em segundo lugar devemos mudar a maneira de realizar o trabalho escolar, que de informativo passa a ser essencialmente formativo.

O que se desenvolve e quem se beneficia com essa mudança no trabalho escolar?

Desenvolve-se a capacidade de participar, de se relacionar com o mundo (grupos sociais e demais elementos do meio ambiente), de maneira organizada e com um objetivo específico. No caso da vida escolar, este objetivo é conhecer melhor o mundo e "aprender a organizar o seu comportamento social para resolver questões". Com isto, cresce a capacidade e a qualidade humana de exercer a cidadania de uma maneira organizada e democrática, sem perder de vista em nenhum momento a existência do "outro", porque se aprende a participar, a entrar em relação social de maneira organizada. E isto é condição para sermos capazes de organizar nossos comportamentos de maneira a ampliar e diversificar a participação de pessoas, nas tomadas de decisões. Hoje esta participação é solicitada para a resolução de problemas decorrentes de decisões para as quais não fomos consultados.

É preciso dar um passo transformador. Esse passo aponta na direção de se orientar os trabalhos escolares por uma lógica ambiental, a fim de que passemos da *escola informativa para a escola formativa*. É preciso e possível contribuir para a formação de pessoas, capazes de criar e ampliar espaços de participação nas "tomadas de decisões" de nossos problemas socioambientais.

Permanece a questão: como fazer isto no dia a dia da sala de aula, com crianças e adolescentes? Os próprios professores que enveredarem por este caminho certamente criarão muitas respostas.

Neste momento, o primeiro passo é a convicção desta necessidade de mudança qualitativa da situação que preserva o trabalho com a informação.

Uma segunda providência consiste em mudar o modo de trabalhar com a informação. As informações acumuladas culturalmente (contidas nos livros e computadores) passam a ser objeto de trabalho dos alunos que, orientados pelo professor, as analisam e discutem, tendo em vista apossarem-se delas de tal maneira que possam ser utilizadas como recursos ou instrumentos de compreensão da realidade e de resolução de seus problemas. O trabalho escolar com a informação nesta dimensão, portanto, ultrapassa a mera acumulação de informações por parte do aluno, tendo por meta principal fazer da informação um "instrumento de conhecimento do aluno", "uma ferramenta" para a compreensão e o desenvolvimento do mundo que o cerca, para além das aparências imediatas. Visa transformar o conhecimento de senso comum, de cunho imediatista e não questionador, num conhecimento mais elaborado, questionador e reflexivo. Requer pois uma atuação dos alunos com o conhecimento, um "fazer do aluno com o conhecimento", sustentado pelo "saber fazer pedagógico do professor", proveniente dos conhecimentos específicos que detém de sua matéria e pela sua experiência didático-pedagógica em sua disciplina. Neste sentido, o trabalho com a informação em sala de aula não se limita ao "saber acumulado" e de alguma forma sancionado, reconhecido, legitimado, mas aconselha e incentiva a coleta de informação diretamente no meio ambiente com o qual professores e alunos passam a lidar dentro e a partir da sala de aula, através de comportamentos participativos especialmente organizados para este fim. As informações recolhidas passam a ser analisadas através de comparações com as informações acumuladas. As conclusões alcançadas a partir daí poderão não ser definitivas (quase sempre não são), mas parciais, o que propicia a compreensão da necessidade da participação de conhecimentos de natureza diversa (interdisciplinaridade) e, portanto, de trabalho conjunto (em equipes, em grupos) para a apreensão mais ampla dos problemas focalizados. Neste tipo de ensino é aconselhável e desejável organizar algumas atuações escolares na comunidade em que a escola se situa, que sejam vistas como úteis e necessárias a partir destes estudos.

Esta nova forma de trabalhar com a informação:

a) liga o trabalho realizado em sala de aula com a vida, dinamizando e vivificando o trabalho escolar;

b) cria a necessidade de proposição de problemas para o aluno resolver;

c) evidencia a necessidade e a importância do trabalho coletivo na resolução de problemas;

d) coloca todos os envolvidos no processo de ensino-aprendizagem escolar (professor e aluno) como sujeitos deste processo;

e) transfere a expectativa de acumulação, de deposição de conhecimentos no aluno para a de desenvolvimento da capacidade de atuação que deve adquirir junto a situações de vida, através do manejo e da utilização de conhecimentos que ele sabe que existem e domina em alguma extensão;

f) cria, através da constatação do caráter quase sempre parcial do conhecimento alcançado na resolução de problemas, a compreensão desta "incompletude", a condição da "modéstia necessária" para "ouvir o outro", "refletir a partir do saber existente em direção à construção constante do saber", influindo assim decisivamente na formação de "atitudes sociais e individuais positivas" frente ao conhecimento enquanto processo criador;

g) destaca o papel do professor enquanto organizador e administrador das situações de ensino propiciadoras deste tipo de aprendizagem.

Nesta nova perspectiva de ensino, o professor passa realmente a ser um *coordenador*. Coordena no espaço escolar um trânsito de diferentes tipos de conhecimento. O conhecimento científico de que é representante em alguma medida, o conhecimento de senso comum, de que todos, alunos e professores, somos portadores, o conhecimento teórico e o conhecimento prático (o do *saber* e o do *saber fazer com o saber*), a cultura de massa a qual atinge a todos, ainda que em diferentes formas e proporções.

Coordena a organização de atividades de aprendizagem apoiadas em situações-problema criadas por ele, professor, e cuja resolução pelos alunos será realizada em condições escolares administradas pelo docente, de tal forma a:

a) propiciar aos alunos um "atuar com o saber";

b) garantir ao processo educacional o seu caráter de "processo de comunicação": comunicação entre saberes de diferentes tipos; comunicação entre diferentes agentes do processo educacional (professores, alunos e outros atores sociais) entre si e com o saber, a partir de suas perspectivas específicas; comunicação entre os alunos e o saber através de sua atuação conjunta.

Enquanto coordenador do processo de ensino-aprendizagem, também o professor experimenta a dimensão de "incompletude" deste mesmo processo (que é simultaneamente um processo constante de construção do saber), seja pelo enfrentamento de questões para as quais ainda não se tem respostas, seja pela descoberta em serviço de limitações e/ou impropriedades de atuações que lhe solicitam "reflexões" e "recriações", tendo assim também ele as suas atitudes profissionais, sociais e pessoais influenciadas e alteradas de maneira positiva, na medida em que é remetido ao cerne deste processo social de construção do saber, eterno e inesgotável. E aí reside toda a proficiência e beleza deste processo, exatamente aí, onde alunos e professores têm um encontro marcado, nesta nova perspectiva de ensino que liga o "espaço escolar" ao "espaço vida", dinamizando e revitalizando ambos.

Muito importante nesta nova perspectiva de atuação didática é tomar conhecimento de trabalhos de colegas que já venham também trilhando este novo caminho.

Neste sentido, conhecer, por exemplo, a experiência pedagógica orientada pelos professores Luiz Alberto S. Marques e Tania Engelmann,[1] junto a professores de escola rural é muito ilustrativo. Ambos são professores e atuaram na 11ª Delegacia de Educação, na cidade de Osório (RS), em projetos ligados à educação no meio rural. Sua experiência está contida no livro *Estudo do meio; Estudos Sociais para o meio rural: Metodologia para o professor*, que contém ricas sugestões de trabalhos com alunos das séries iniciais, que os coloca em atividades propiciadoras da formação de uma consciência ambiental.

No livro de minha autoria, *Metodologia do ensino de História e Geografia*,[2] voltado para a formação de professores das séries iniciais no ensino destas disciplinas, apresento também

---

1. Estudo do meio. *Estudos sociais para o meio rural. Metodologia para o professor.* Porto Alegre: Mercado Aberto, s/d.

2. Penteado, H. Dupas. *Metodologia do ensino de História e Geografia*. São Paulo: Cortez, 1991.

possibilidades de trabalho com as crianças que caminham na direção da escola formadora. Em outro livro também de minha autoria, *Televisão e escola: conflito ou cooperação?*,[3] faço um relato de experiências didáticas formadoras de diferentes professores em diferentes graus de ensino, do primeiro ao terceiro, em que o consumo de televisão feito pelos alunos — um forte traço da cultura de massa de que são (somos) portadores — é explorado em situações escolares com grande proveito e prazer, por parte de alunos e professores. Tais experiências são sugestivas de que um outro recurso de ensino é recomendar aos alunos que assistam tevê, anotem informações, para se trabalhar com elas em sala de aula. Além de prover os alunos de material informativo concreto (porque visual e registrado pelos meios de comunicação de massa) para os trabalhos com o meio ambiente, vai também qualificando suas escolhas de programas. Para muitos, apenas consumidores de desenhos, programas de auditório e esportes, os programas recomendados revelarão uma outra face da tevê e um outro modo de usá-la.

Sendo a tevê um meio de comunicação de grande consumo e de amplos recursos de imagem, aproveitar na escola o material que ela apresenta sobre o meio ambiente é muito importante. Muitos vídeos de animais, preciosos quanto à beleza estética e conteúdo informativo (Jacques Cousteau, BBC etc.), notícias de telejornais revelando comportamentos da natureza em determinados momentos (chuvas torrenciais, explosões de vulcões, tremores de terra etc.), entrevistas e depoimentos de políticos, de técnicos, de pessoas atingidas pelos efeitos da construção de usinas hidrelétricas, por construções de estradas, pontes, viadutos; reportagens sobre diferentes paisagens da terra, além do amplo uso da natureza que é fei-

3. Idem. *Televisão e escola*: conflito ou cooperação? São Paulo: Cortez, 1991.

to pelos comerciais, constituem-se num vasto material a ser aproveitado na escola.

O Centro Ecumênico de Documentação e Informação (Cedi), juntamente com o Movimento de Atingidos por Barragens (CRAB), publicou em 1992 um livro intitulado *Educação ambiental*[4] para subsidiar e complementar cursos para professores de séries iniciais de primeiro grau de áreas rurais a serem atingidas pelos efeitos da construção de barragens. Neste livro, além de situarem as grandes questões ambientais e de tecerem considerações sobre meio ambiente, apresentam sugestões didáticas realizáveis nas séries iniciais de primeiro grau, propícias à formação e desenvolvimento da consciência ambiental de crianças e adolescentes.

A Escola do Futuro, Núcleo de Pesquisas de Novas Tecnologias da Comunicação Aplicadas à Educação, diretamente ligada à reitoria da Universidade de São Paulo, coordena atualmente um projeto de ensino em várias escolas da cidade de São Paulo e da Grande São Paulo, que tem por tema a ecologia. Um dos desdobramentos deste projeto, *O ensino de ciências humanas via telemática*, cujo conteúdo e metodologia são de minha orientação, visa prover os alunos de conhecimento e conceitos das ciências humanas como recurso para desenvolvimento de sua cidadania e da compreensão das questões ambientais enquanto questões de natureza sociopolítica, inseridas no âmbito das relações internacionais.

Utiliza nesta experiência uma rede de computadores que põe em contato alunos e professores de diferentes escolas. O conhecimento deste projeto, que permite interligar diferentes escolas trocando os trabalhos nelas realizados, é um passo

4. *Educação ambiental*. São Paulo: Cedi, 1992.

importantíssimo para nossa formação, enquanto profissionais em constante construção.

As possibilidades didáticas oferecidas pelo uso da rede de computadores no ensino viabilizam o exercício de uma prática pedagógica em sala de aula diferente daquela do ensino tradicional. Enquanto neste modelo o professor é a "fonte" do saber e o aluno o "receptor" no modo de agir pedagógico possibilitado pela rede de computadores, alunos e professor debruçam-se sobre o objeto do conhecimento, alvo da ação escolar. Temos então uma relação aluno-professor mediada pelo conhecimento em que o papel dos sujeitos da aprendizagem (todos os envolvidos no processo) é redefinido. Cabe ao professor coordenar situações de ensino, provocadoras, propiciadoras, desencadeadoras de aprendizagem. Cabe aos alunos atuarem, lidarem, trabalharem com informações de tal forma a ingressarem num processo constante de construção/reconstrução de conhecimento. Além disso, a rede de computadores amplia o circuito das relações professor-aluno para muito além dos muros de uma só sala de aula. A vivência de contatos com múltiplos sujeitos alarga as possibilidades de aprendizagem sobre o tema em questão pelo encontro de múltiplas proposições e pontos de vista postos em presença, via rede.

Neste novo modelo de ensino, tomar consciência de seu grau de conhecimento sobre o tema focalizado, problematizar este conhecimento inicial, localizar informações pertinentes sobre o tema, tomar conhecimento das fontes que deram origem às informações utilizadas, retrabalhar os conhecimentos iniciais à luz das fontes, analisar situações concretas a partir das informações disponíveis e organizar ações concretas de participação sobre o tema focalizado, são algumas das possibilidades que se apresentam para as ações dos alunos e que precisam ser coordenadas pelos professores.

Ao final destas considerações, podemos concluir que "a formação da consciência ambiental de nossa juventude" e "o desenvolvimento do exercício de sua cidadania" passa pela transformação da "escola informadora" em "escola formadora".

Esta será aquela que formos capazes de construir a partir da consciência ambiental que temos e das participações escolares que formos capazes de coordenar no dia a dia do nosso trabalho escolar, *organizando o processo de ensino num amplo processo de comunicação escolar*.

Este é o desafio que o final do século XX coloca para o professor, enquanto profissional da educação no exercício de sua cidadania.

5

Recursos didáticos para a formação de professores

1. Introdução

Avançarmos na direção da escola formadora implica contarmos com alguns recursos didáticos adequados e montarmos situações de participação social orientadas pela escola em que alunos e professores possam juntos exercer e desenvolver a sua cidadania através do trabalho escolar.

Os textos que compõem este capítulo constituem-se em um material didático para ser usado em cursos de formação de professores para as séries iniciais do Ensino Fundamental (1ª a 5ª). São uma tentativa de colaboração com a construção da escola formadora que aqui se propõe. Têm por objetivo:

a) desenvolver a consciência ambiental destes professorandos;

b) sensibilizá-los para a importância da formação da *consciência ambiental* desde a educação escolar básica (1ª a 5ª séries);

c) propiciar vivências pedagógicas sensibilizadoras e estimuladoras de ações didáticas realizáveis nas séries iniciais do 1º grau, em que atuarão orientados para a formação da consciência ambiental e para o desenvolvimento da cidadania dos alunos.

Ao longo desta proposta, os professorandos trabalharão com os conceitos de: 1. meio ambiente; 2. vida; 3. conservação, transformação, desenvolvimento; 4. ação política e interesses; 5. lógica (modo de pensar) capitalista; 6. lógica humanista; 7. lógica ambientalista.

Tais conceitos serão trabalhados por eles em sala de aula através de vivências:

a) exploradoras dos conceitos iniciais de que os alunos são portadores;

b) problematizadoras destes conceitos iniciais;

c) reorganizadoras dos conceitos iniciais em conceitos mais elaborados, com base nas ciências humanas;

d) provocadoras da criação de propostas de situações didáticas para as séries iniciais do 1º grau que propiciem às crianças em início de escolaridade o desenvolvimento de sua cidadania e da formação de suas consciências ambientais, adequadas à maturidade e possibilidades de realização do corpo discente desta faixa etária.

O material pedagógico aqui apresentado compreende:

a) seis textos teóricos para serem trabalhados com alunos do curso de formação de professores das séries iniciais do 1º grau;

b) seis seções coordenadas, uma para cada um dos temas compreendidos pelos textos teóricos.

Estamos aqui chamando de seção coordenada o trabalho a ser realizado por professores e alunos, em e a partir de salas de aula, nos cursos de formação de professores.

Trata-se de uma tentativa de assumir o trabalho didático no novo modelo aqui preconizado, em que alunos e professor debruçam-se em conjunto sobre o seu objeto de conhecimento e de estudos.

O professor é aqui sempre chamado de *coordenador* pela natureza do trabalho docente que desempenha na metodologia utilizada. O coordenador parte sempre de um levantamento do que sabem ou pensam os alunos sobre o tema considerado, criando uma situação inicial em que os alunos são convidados a refletir individualmente sobre o tema e constatar, em poucos minutos, o que sabem ou o que não sabem a respeito. A seguir, são encaminhados para, em pequenos grupos, tomarem conhecimento das respostas de alguns colegas e juntos elaborarem uma resposta grupal, que num terceiro momento será apresentada ao grupo da classe, sob a coordenação do professor. Dificilmente, na segunda e na terceira etapas, experimentarão o consenso. Ver-se-ão, pois, obrigados a analisar diferenças, ponderar argumentos, justificar pontos de vista. Viverão problematizações postas por eles mesmos, além das colocadas pelo coordenador e ver-se-ão na situação de tomar decisões e assumir riscos.

Não acostumados ao exercício do pensamento, à busca de significados para as ações cotidianas, os alunos poderão apresentar algumas resistências nesta etapa. Principalmente quando, confrontando suas ideias com os pares, enfrentarem o dissenso e tiverem que tomar decisões a respeito. A habilidade do professor na coordenação dessas situações é de vital importância para que:

a) opiniões divergentes não se transformem em polos de polêmicas estéreis reforçadoras de "resistências ao pensamento";

b) possam ser fontes de "hipóteses" de trabalhos que viabilizam o "pensar", estudar, coletar dados a partir de perspectivas diferentes.

Alguns cuidados importantes podem prevenir que a dose de mudança introduzida nos trabalhos escolares assim encaminhados não seja excessiva a ponto de gerar resistências. O tempo curto para a execução da etapa individual propicia que ela seja um *flash* do que está na cabeça do aluno naquele momento, produto de suas experiências com o tema proposto e não uma elaboração racional a ser constituída ali; o alerta para a possibilidade de diferentes visões na fase do trabalho em grupo, o acompanhamento e apoio para lidarem com as diferenças são cuidados didáticos indispensáveis por parte do professor.

O conhecimento acumulado sobre o tema entra através dos textos, cuja leitura poderá ser realizada individualmente ou em duplas, a critério do coordenador.

O exercício da leitura individual propicia o ato de concentração, enquanto a leitura em duplas propicia a troca de informações com interlocutores que falam uma língua mais próxima daquela do aluno e que dominam esquemas de raciocínio mais semelhante ao seu, facilitando a troca de experiências sobre o assunto tratado entre os leitores e estimulando o diálogo com o autor do texto.

Como "ler" é uma das dificuldades de nossos alunos, até mesmo pela falta de oportunidade de fazê-lo, pois em geral é atividade que não se inscreve entre seus hábitos, caberá ao coordenador observar e decidir qual das situações de leitura proposta é a mais adequada para formar leitores que, a longo prazo, dialoguem com os autores e os textos.

Após a leitura dos textos, os conhecimentos adquiridos deverão ser utilizados como instrumento, recurso, seja para a reconsideração de respostas já dadas a questões anteriores (verificando o que permanece e o que muda nestas respostas), seja para resolver novos problemas apresentados.

Pretende-se, através destes novos problemas, possibilitar o encaminhamento dos professorandos para uma dupla situação:

a) experienciarem o papel de aluno-cidadão, enquanto alunos que são, desencadeando a organização, participação, desenvolvimento de ações discentes na escola e na comunidade, as quais tenham por meta o conhecimento e a qualificação do meio ambiente;

b) sensibilizarem-se para desenvolver este tipo de participação junto ao meio ambiente com os alunos das séries iniciais com os quais trabalharão.

Não se pretende com este material e com estas sugestões esgotar as possibilidades de trabalho no sentido aqui apontado. Ao contrário, são propostas introdutórias que a experiência, o conhecimento e o bom senso dos professores que se interessem por estas questões se encarregarão de levar adiante.

O principal cuidado consiste em se caminhar do conhecimento inicial do aluno para um conhecimento mais elaborado, que não se detenha no nível teórico, mas que seja traduzido numa ação ou numa prática participativa, vivida dentro ou a partir da escola, enriquecedora deste conhecimento e propiciadora do espírito cívico — através da consideração do "outro" que estas situações implicam — e do desenvolvimento da cidadania — vivência de direitos e deveres — através da consciência ambiental que se está construindo.

2. Textos teóricos

2.1 Você conhece o seu meio ambiente?

A primeira coisa que é preciso saber com clareza para responder a esta questão é: o que é meio ambiente?

De modo geral, entende-se que esta expressão se refere aos aspectos naturais de um lugar, tais como o ar, as rochas, a vegetação nativa, a fauna. Trata-se porém de uma compreensão incompleta, por vários motivos. O primeiro deles refere-se ao fato de comumente não se incluir na fauna — animais da região — o próprio homem. É como se ela dissesse respeito apenas aos "outros" animais.

Um outro fato diz respeito às características do "bicho-homem", comumente excluído da fauna. O ser humano, apesar de compor a fauna de lugares mais diversos do nosso planeta, apresenta algumas características peculiares que variam de um meio ambiente para outro.

Sabe-se, por exemplo, que o homem andino possui uma maior quantidade de hemáceas, o que lhe permite enfrentar melhor do que os homens de outros lugares a rarefação do ar, devido às elevadas altitudes da região. Isto revela uma capacidade fisiológica de adaptação ambiental ampla, não constatável, na mesma intensidade entre outros animais. Além disto o ser humano distingue-se dos demais pela sua capacidade de transformar a natureza, produzir objetos, criar ideias e inventar significados para suas ações, para os objetos e para a própria natureza. Em outras palavras, é um ser capaz de produzir "cultura".

Cultura é tudo aquilo que é feito, cuidado ou transformado pelo homem. Em contraposição à natureza, que é tudo o que existe e não é feito, nem cuidado, nem transformado pelo homem.

Assim, um rio que nasceu de uma fonte traça o seu leito por entre as rochas do caminho, acolhe em suas águas plantas e animais que fazem dela sua moradia, é um elemento da natureza. Quando o homem por qualquer razão desvia suas águas (para construção de uma estrada, ou de uma barragem);

ou lança dejetos ou lixo fabril em suas águas, poluindo-as, está transformando este rio, que então já deixa de ser natureza, para ser cultura, ou seja, "natureza transformada pela ação do homem".

Qualquer animal da fauna que nasce, cresce, desenvolve seu ciclo vital e morre, sem interferências deliberadas do ser humano, é um elemento da natureza. Já quando criado pelo ser humano, cuidado por ele, passa a ser um elemento da cultura. Toda a diferença existente entre um boi selvagem (esta diferença foi focalizada, ainda que de maneira superficial, pela novela *Pantanal*, levada ao ar pela Rede Manchete de Televisão) e um boi da pecuária reside nas diferenças que decorrem deste cuidado do homem que interfere na vida do animal de várias maneiras: seleciona os sêmens e as matrizes de procriação, transformando características da espécie; cuida da alimentação selecionando-a, dosando-a segundo os resultados pretendidos (gado de corte ou gado leiteiro).

O mesmo acontece com os vegetais. Qualquer planta que nasce, cresce, desenvolve seu ciclo vital e morre, sem interferência do ser humano, é um elemento da natureza. Já quando cultivada pelo homem transforma-se em um elemento da cultura. Daí usar-se as expressões "cultura canavieira", "cultura do café", "cultura da laranja" etc., e mesmo o termo mais geral "agricultura".

É importante destacar aqui que o homem enquanto animal criador de cultura interfere na sua própria espécie. Com o avanço tecnológico introduzem-se alterações na qualidade da alimentação produzida para si próprio, capazes estas de alterar características de sua saúde; cria regimes alimentares com finalidades específicas; pratica exercícios físicos que podem alterar o funcionamento de seu organismo; pesquisa medicamentos capazes de interferir em sua saúde e prolongar a média de vida das populações; controla a natalidade etc. Além de transformar o seu equipamento físico/animal, interfere também em seu próprio modo de viver. Inventa formas de moradia (favelas, casas, prédios, conjuntos residenciais, vilas, cidades); organiza diferentes modos de trabalhar (o trabalho autônomo, o trabalho como empregado, como meieiro; o sistema capitalista de produção — a propriedade privada e o lucro; o sistema socialista de produção — o Estado como detentor dos meios de produção e distribuição de bens. O homem atribui significado a todas as coisas que faz (cria uma moral que lhe diz o que é certo e o que é errado); assim como cria significados para os enigmas da vida que aí estão a nos desafiar, como, por exemplo, a própria morte. Há os que buscam respostas religiosas, baseadas em crenças; há os que buscam respostas racionais; as forças da natureza, como a chuva, o vento e o trovão, são interpretadas como deuses em algumas culturas; outras já identificam como sagrados alguns animais não humanos; para outras ainda a ideia de Deus se identifica com uma figura humana mas que ultrapassa as limitações encontradas no ser humano; há outras ainda para quem a ideia de Deus é bastante abstrata e sua existência apoia-se na contínua existência de fatos inexplicáveis dos quais o ser humano toma consciência, quanto mais avança a produção científica e tecnológica do conhecimento.

O "bicho-homem" altera deliberadamente a si e ao seu meio ambiente. Faz isto, coletivamente, através do trabalho, que organiza as relações sociais que estabelece. As organizações sociais são reflexos da organização do trabalho.

Ainda é preciso considerar que todos os elementos componentes do meio ambiente — minerais, animais e vegetais — mantêm estreitas relações entre si, de tal maneira que uma alteração em quaisquer um deles reflete-se nos demais. Diante disso, e sendo o homem um ser essencialmente criador, sua capacidade de alteração ambiental é muito ampla.

Finalmente, é importante distinguir que essas alterações criadas pelo ser humano nem sempre têm bons resultados.

O homem como um ser "criador de cultura" e portanto de significados apreende de alguma maneira as relações existentes entre os fenômenos do seu meio ambiente, pensa sobre elas e desenvolve um "conhecimento" ou uma "sabedoria" sobre elas.

Porém essas relações entre os fenômenos do meio ambiente são tantas e tão numerosas, que nenhum homem é capaz de dominar e entender todas elas. Além disso, qualquer ser humano detém algum tipo de conhecimento sobre o seu meio ambiente, ainda que seja apenas aquele capaz de lhe garantir a sua sobrevivência nele.

Em outras palavras, todo homem tem cultura, e nenhum homem domina ou conhece toda a cultura. Diante de todas estas considerações, pois, é importante concluir que:

a) O meio ambiente é formado pelos elementos pertencentes aos reinos mineral, vegetal e animal que compõem um determinado espaço;

b) Estes elementos são todos inter-relacionados; destes elementos destaca-se o homem (pertencente ao reino animal) pela capacidade que tem de interferir em todos estes elementos, alterando-os, consciente e/ou inconscientemente através das dimensões econômicas e políticas, das organizações sociais que constroem.

2.2 A Terra tem vida?

Tudo que tem vida nasce, cresce, reproduz-se e morre. Assim é com as plantas e também com os animais. Portanto, tudo que tem vida, transforma-se. Observa-se que a transformação é um princípio da vida.

O que observamos em relação à Terra?

Primeiro, que ela não pertence nem ao reino vegetal e nem ao reino animal. Ela pertence ao reino mineral, como as rochas e todas as águas. A Terra tem vida? A primeira resposta e a mais evidente é "não".

Observemos, entretanto, uma rocha sedimentar. Como ela surge? Por acumulação de resíduos de outras rochas que são transportados pela ação das águas ou do vento, e depositados em algum lugar onde vão se sedimentando, ganhando volume (crescendo) e dando origem, ao longo do tempo a outra rocha.

Observemos o comportamento dos vulcões. Eles entram em atividade quando o aumento de volume dos gases existentes no interior da Terra, pela ação do calor do magma, pressiona, forçando as paredes internas da Terra, em busca de espaço para se expandirem. Tremores de terra ou abalos sísmicos costumam anteceder as explosões vulcânicas. Eles são o sintoma de que os gases dilatados com o calor estão buscando uma saída. O homem já inventou aparelhos capazes de medir estes abalos, às vezes até imperceptíveis pelos moradores da região. São os sismógrafos que permitem perceber, pela maior ou menor intensidade dos tremores, a proximidade da explosão. Também, geralmente, às explosões vulcânicas seguem-se em algum lugar da Terra movimentos do solo. Correspondem a uma nova acomodação das camadas terrestres. Os gases e material incandescente que saíram pelos vulcões e se acumularam na crosta terrestre por onde se espalharam, ocuparam um espaço externo e deixaram espaços vazios internos.

O que podemos constatar destas duas rápidas observações de fenômenos do reino mineral?

Que tanto no caso de formação da rocha focalizada, quanto no caso dos vulcões nos encontramos frente a *processos naturais de transformação*.

A Terra responde às ações que o homem pratica nela?

Quando planta, por um longo período de tempo, o mesmo tipo de vegetal num mesmo espaço, sem cuidar do solo adequadamente, acaba esgotando as propriedades da terra. De fértil que era, passa a ser estéril ou cansada.

Quando devasta as matas, de maneira indiscriminada, sem recuperá-las, expõe a terra à ação da erosão dos ventos e das águas. Entre outras consequências, deslizamentos e desmoronamentos mudam a sua superfície, além de causar desgastes de suas rochas. Com os desmatamentos, a qualidade do ar atmosférico, o regime de chuvas, o comportamento dos ventos, dos mananciais, os regimes dos rios, a fauna e a flora circundante se alteram.

Quando recupera regiões desérticas, consegue desenvolver a agricultura em solos anteriormente estéreis. Estas respostas da Terra às ações humanas revelam processos de transformação que manifestam suas reações.

Vimos que a *transformação é um princípio de vida*.

Vemos que a Terra se transforma. Tanto em consequência da ação dos homens, como também por exigências da própria natureza (vulcão, por exemplo). Mas a transformação por que passam os seres vivos caracteriza-se pelas seguintes etapas: nascimento, crescimento, reprodução e morte.

A Terra nasceu? A Terra cresceu? A Terra se reproduzirá? A Terra morrerá?

Como se encontram os conhecimentos atuais frente a estas questões?

O avanço tecnológico tem possibilitado pesquisas bastante avançadas neste campo, tanto no próprio planeta Terra, como também a observação do comportamento dos diferentes corpos que compõem o universo, tais como os demais planetas, estrelas etc.

Os estudos que se têm desenvolvido em relação ao fenômeno do vulcanismo, por exemplo, têm demonstrado que a Terra é um corpo em constante atividade. A observação do comportamento de outros corpos celestes, das explosões estelares têm possibilitado recolher informações que poderão em um futuro próximo esclarecer a origem do nosso planeta, hoje na verdade obscura e explicada por teorias que ainda não se podem comprovar.

Diante de tudo isso, como lidar com a Terra?

A lição que se pode extrair desses fatos é que quaisquer ações humanas sobre a Terra têm respostas da Terra. Estas respostas envolvem uma cadeia de relações entre os elementos que compõem o meio ambiente, incluindo o próprio homem. Como todos os homens têm algum conhecimento do seu meio ambiente e nenhum homem é possuidor de todo o conhecimento sobre o seu meio ambiente; como os homens precisam se relacionar com a Terra para criar as condições necessárias para sua sobrevivência, a melhor maneira de nos relacionarmos com a Terra é aproveitando ao máximo o conhecimento dos mais diferentes seres humanos, quando decidimos nossas ações sobre a Terra.

2.3 Conservação, transformação e desenvolvimento

Precisamos lidar com a Terra, com os outros animais e com os homens, para sobrevivermos.

Todos estes elementos do nosso meio ambiente são inter-relacionados e todos respondem às nossas ações.

Podemos lidar com eles de diferentes maneiras: conservando-os ou transformando-os.

De modo geral, observamos que as pessoas estranham as transformações e valorizam o passado, as coisas como eram antes das transformações. Costuma-se chamar a estas pessoas de "conservadoras" ou contrárias às mudanças.

De outro lado observamos que muitas pessoas valorizam todas as inovações, porque consideram-nas atuais e modernas, e julgam que elas são sinônimo de desenvolvimento. Costuma-se chamar estas pessoas de "avançadas" e identificadas com o progresso.

De fato, o que se observa é que a *mudança* é um processo constante. Como já foi dito, a *transformação é um princípio da vida.* Porém, aceitar a mudança significa que nada precisa ser conservado e que toda transformação traz progresso e desenvolvimento?

É preciso aqui nos determos diante do significado de cada uma destas palavras.

O que é conservar? É preservar, não destruir.

O que é transformar? É mudar, modificar, dar nova forma.

O que é desenvolvimento? É o ato ou efeito de desenvolver. Desenvolver, por sua vez, é sinônimo de "fazer crescer", "fazer aumentar".

A explicação de cada uma destas palavras exige que se façam algumas perguntas, quando elas são usadas em situações concretas de nossas vidas.

Se conservar é preservar, não destruir, temos que indagar: o que é preciso preservar numa dada situação e por quê?

Se transformar é dar nova forma, modificar, temos que saber o que é preciso modificar numa dada situação e por quê?

Se desenvolvimento é o ato ou efeito de desenvolver e desenvolver quer dizer "fazer aumentar ou crescer", é preciso indagar o que é que precisa crescer (tanto as coisas ruins, como as boas podem crescer ou aumentar, como, por exemplo, a pobreza ou a riqueza), para quem precisa crescer, quem deixa de ser atingido por este crescimento (sendo beneficiado ou prejudicado por ele)?

Todas as mudanças são seguidas de efeitos. Como os elementos que compõem o meio ambiente são inter-relacionados e reagem uns em relação aos outros, é muito difícil controlar todos os resultados de uma mudança, de tal forma que eles sejam só benéficos. Um exemplo pode esclarecer melhor. Um sistema de trabalho, que garante um grande aumento de volume da produção — garantindo uma maior disponibilidade de bens para satisfação das necessidades da população — como é o caso do sistema de fabricação em série, e das linhas de montagem — de outro lado traz problemas para aqueles que trabalham diretamente nestas linhas, como a monotonia, o desinteresse (pela perda de visão do seu trabalho no todo), problemas de saúde física (provocados pelos mesmos movimentos físicos feitos ao longo de um dia inteiro de trabalho), além de não ter resolvido o problema de acesso da população aos bens produzidos. Se no século XIX, em que não se tinha a fabricação em série, o problema do mundo era de insuficiência de bens para o abastecimento, assistimos, no século XX, a um mundo abarrotado de produção e que não resolveu o problema da distribuição desta produção ou do acesso das pessoas aos bens produzidos. Ao lado de enorme capacidade de produção, misérias extremas!

Se aplicarmos as perguntas acima referidas a esta situação temos:

a) O que era preciso modificar e por quê? O sistema de produção, porque o volume de bens produzidos era insuficiente para a satisfação das necessidades da população como um todo, bem como o sistema de distribuição de bens.

b) O que foi que cresceu e para quem cresceu? O volume de bens produzidos cresceu; cresceu para os fabricantes e para as pessoas que podem adquiri-los, porém, são inacessíveis para um enorme contingente populacional que continua sem a possibilidade econômica de adquiri-los.

c) O que era preciso conservar, preservar? O bem-estar físico e mental, responsável pela saúde dos trabalhadores diretamente envolvidos no trabalho de produção, na linha de montagem, referente aos movimentos físicos a serem efetuados e à compreensão (bem-estar psíquico) do seu trabalho no todo da produção. Uma coisa é eu saber e me sentir produtor de uma geladeira, outra é eu me sentir o apertador de um botão que faz a máquina enroscar parafusos em um motor.

Num balanço geral, isto significa então que, em nome da saúde física e mental dos trabalhadores diretamente envolvidos nas linhas de montagem, o processo de industrialização não deveria ter dado este passo? Mas, e o aumento da capacidade de produção de bens, compatível com necessidades populacionais, não conta?

Na lógica (ou modo de pensar) capitalista o que conta é o lucro, objetivo sobre o qual se assenta este sistema de produção. Maior capacidade de produção significa maior possibilidade de lucro.

Numa lógica humanista, o que importa é o ser humano. Se existem seres humanos diretamente afetados de maneira negativa neste sistema, como é o caso dos trabalhadores, ele é inadequado, não importando o número de seres humanos que potencialmente poderão ser beneficiados por este sistema.

Numa lógica ambientalista, ou seja, na perspectiva do meio ambiente, o que importa é o conjunto dos aspectos envolvidos por qualquer transformação ou mudança, com especial destaque àqueles que dizem respeito ao ser humano, pelo fato de ser ele:

a) o único elemento do meio ambiente capaz de intervir de forma deliberada e racional no seu próprio meio (no qual se inclui enquanto animal simultaneamente paciente dos resultados destas intervenções);

b) o único elemento do meio ambiente que detém o conhecimento e, portanto, poder de interferência, sobre este meio;

c) detentor apenas de parte deste conhecimento, por mais especialista que possa ser sobre determinado assunto; é fato fartamente constatado pelas ciências humanas que nenhum homem detém todo o conhecimento, ou toda a cultura sobre determinado aspecto de seu mundo.

Não é por acaso que este modo de pensar ambientalista ganha espaço, no mundo inteiro, no século XX. A lógica humanista é a mais antiga destas três, tendo sido gerada no mundo europeu, desde a queda do Império Romano (século V), até o século XV, de onde se expandiu para o continente americano e, portanto, para o Brasil no século XVI e seguintes. Nos séculos XV e XVI, as navegações abriram grandes possibilidades de comércio e intensos contatos com culturas radicalmente diferentes das europeias. A figura dos navegantes — comerciantes bem-sucedidos — e a possibilidade de grandes lucros começaram a abalar a lógica humanista.

Em geral, o modo de pensar humanístico associa-se à moral cristã e à atuação da Igreja como instituição. Gerou-se durante a Idade Média europeia (do século V ao XV) e teve marcante existência durante a Idade Moderna na Europa e no continente americano (séculos XV a XVIII).

Não houve problemas de natureza social durante tão longo período, já que nesta lógica o que importa é o ser humano? Não é o que se pode observar através da história.

Basta olhar o tratamento dispensado a índios e negros em nosso país ao longo do período colonial e do Império. Basta olhar a condição de vida de índios e negros no Brasil hoje, perguntarmos o porquê das questões sociais por eles vividas, para percebermos que as raízes históricas destes problemas encontram-se num período em que a lógica humanista ainda tinha uma força significativa. Porém ela era exercida a favor de uns, em detrimento de outros. Assim foi também na Idade Média europeia, em que a vida dos servos se dava em condições precárias. Na Idade Moderna, ao lado da lógica humanista, ganhava corpo a lógica capitalista.

A Revolução Industrial na Inglaterra (século XVIII) e a Revolução Francesa (1789-1815) são o "tiro final" na hegemonia do modo de pensar humanista.

A lógica do lucro, o modo capitalista de pensar o mundo, que vinha ganhando corpo desde o século XV, atinge agora o seu apogeu.

Os séculos XIX e XX são marcados pela hegemonia deste modo de pensar no mundo ocidental.

A história do mundo americano é toda ela marcada por esta lógica.

A história do Brasil dos anos 1950 é marcada por uma política de industrialização em nome do desenvolvimento. Pelas estratégias desenvolvimentistas do governo do presidente Juscelino Kubistscliek de Oliveira (1955-1959), as indústrias aqui instaladas importavam máquinas e equipamentos, remetiam para o exterior os lucros, faziam empréstimos no exterior e pagavam juros por estes empréstimos. Os anos

1960 e 1970 são marcados pelas teorias desenvolvimentistas e da modernização, segundo as quais a industrialização era a chave para a conquista do bem-estar geral. Esta estratégia foi responsável pela acentuação de nossa dependência tecnológica do estrangeiro (máquinas e equipamentos) que, por sua vez, acentuou a dependência econômica (remessa de lucros, juros de empréstimos). A dependência econômica acentua a dependência política (os representantes do capital estrangeiro no país passam a influenciar de maneira crescente as decisões de nossa política interna).

Se aplicarmos a estes fatos as nossas três perguntas, temos:

a) O que era preciso modificar e por quê? A dependência econômica; a falta de indústria de base produtora de bens de produção; éramos um país agroexportador; precisávamos ser um país industrial; era preciso diminuir as importações.

b) O que foi que cresceu e para quem cresceu? O governo de Juscelino Kubitschek, através de seu Plano de Metas, investiu no setor público (construção de estradas, construção de Brasília etc.) e na indústria de base: novas siderúrgicas (Usiminas e Cosipa), na ampliação da capacidade produtiva da Petrobras, na construção de novas usinas hidrelétricas, na expansão do setor produtor de bens de consumo duráveis para atender às necessidades da população e assim diminuir as importações. Para a montagem de indústrias de bens de consumo duráveis, o governo passou a permitir a importação de máquinas e equipamentos com a única exigência de que os países estrangeiros de onde elas vinham se associassem ao capital nacional. Era a internacionalização da economia.

Grandes empresas internacionais transferiram para o Brasil sua tecnologia; eram indústrias de eletrodomésticos, aparelhos eletrônicos, algumas indústrias de máquinas, equipamentos e comunicações e principalmente a indústria automobilística: Volkswagen (investimento alemão), Simca (francês); Willys Overland (norte-americano). Com tudo isso, houve uma grande ativação da economia. Eram os "cinquenta anos em cinco" prometidos pelo governo JK. A quem este crescimento beneficiou? Os novos ramos industriais não ocuparam toda a mão de obra disponível. Seus benefícios estendiam-se aos próprios industriais (burguesia) e às camadas médias (de alta e média renda como engenheiros, analistas, técnicos etc.) únicos com acesso às novas maravilhas da indústria moderna. As classes trabalhadoras tinham uma participação cada vez menor nos benefícios. De 1955 a 1959, os lucros industriais (dos empresários) aumentavam 76%; a produtividade do país aumentava 35%, enquanto o salário mínimo aumentava 15%. Além disso, o capital estrangeiro controlava a indústria do país. Em 1961, de 66 empresas de maior concentração de capital, apenas 19 eram de grupos privados nacionais. O capital estrangeiro controlava a indústria de tratores (99,8% delas), automobilística (98,2%), de cigarros (85%), farmacêutica (88%), de eletricidade (82%), de máquinas (70%), química (76%) etc. A dependência econômica acentuava a dependência política (os representantes do capital estrangeiro no país passaram a influenciar cada vez mais as decisões de nossa política interna).

c) O que era preciso preservar? O bem-estar de toda a população, propiciando emprego a todos e salários dignos; a autonomia, a soberania do país para poder negociar em condições de igualdade com os demais países do mundo. Aqui cabe perguntar: como preservar? Tínhamos essa autonomia antes da política desenvolvimentista iniciada nos anos JK? Se não tínhamos a autonomia, contávamos, todavia, com uma menor dependência, com menor número de representantes do capital estrangeiro interferindo em nossa economia, visando ao lucro de seus países e não do nosso. Os anos 1970 e 1980 desnudam a face cruel do desenvolvimentismo. Os efeitos perversos da dependência estendem-se até hoje. Ações indiscriminadas de indústrias poluindo com os seus detritos os rios e a atmosfera; a crescente pauperização de enormes contingentes populacionais, degradando, assim, o meio ambiente são consequências diretas desta forma de desenvolvimentismo e de industrialização descomprometida com as questões de nossa população. As precárias condições educacionais, de higiene e de saúde, reveladoras de um Estado voltado para políticas econômicas beneficiadoras de outros, mais do que para políticas sociais beneficiadoras de nossa população, respondem, de outra parte, pela ignorância e pelo uso inconsequente e inadequado do meio ambiente, pela população em geral, e pela ausência de uma cobrança organizada por parte da população mais atingida, de condutas corretas dos maiores responsáveis pela degradação ambiental.

Foi pela via dos efeitos perversos do "desenvolvimento" que neste final de século XX se atingiu a compreensão de que as transformações do desenvolvimento:

a) não atingem a todos da mesma maneira;

b) nem todas elas são benéficas.

Este foi o momento propício para se alcançar uma visão de conjunto dos processos de transformação que possibilitou o surgimento da lógica ambientalista.

2.4 Toda ação humana é interessada

Coexistem no presente estes três modos de pensar: o da lógica humanista, o da lógica capitalista e o da lógica ambientalista, ainda com um visível predomínio do segundo.

A *lógica humanista* continua sendo defendida por grupos de modo geral relacionados à instituição Igreja (que tem por interesse principal o atendimento das necessidades do ser humano: a lógica capitalista é a que vem orientando a organização política e econômica dos Estados do mundo ocidental, aos quais, durante a década de 1990, vêm-se juntando vários Estados do mundo oriental, e é defendida pelos empresários (comerciantes, industriais, latifundiários e banqueiros); a *lógica ambientalista* ganha espaço na medida em que os problemas resultantes das transformações desencadeadas com objetivos desenvolvimentistas crescem e começam a:

a) ameaçar e a comprometer até o próprio funcionamento do sistema capitalista de produção, ou seja, passam a comprometer o lucro, seu principal interesse;

b) impossibilitar e inviabilizar condições mínimas de vida e sobrevivência compatíveis com a dignidade do ser humano, para a maioria da população, em países como o nosso, deixando crescer a miséria e a ignorância.

Por estas razões, misturam-se entre os atraídos por este modo de pensar ambiental tanto adeptos da lógica humanista, quanto adeptos da lógica capitalista.

Como é possível entender tal fato?

Embora ambos os grupos tenham interesses diferentes, ambos encontram-se insatisfeitos, ainda que por diferentes motivos.

O interesse é a mola, o motivo, a razão de ser da ação humana. O ser humano toma decisões, empreende, faz realizações, para atingir determinados fins; realiza empreendimentos por ele pretendidos; ou seja, toda ação humana é interessada. Toda ela tem um objetivo. Esta capacidade de definir objetivos, tomar decisões, escolher rumos, diz respeito à capacidade política do ser humano (quando se fala em política em geral, pensa-se apenas em "política partidária" e em políticas públicas de uma nação. A palavra "política" diz respeito ao poder, isto é, à capacidade de tomar decisões, de criar normas de comportamento. Todo ser humano tem esta "capacidade política" que, na verdade, é a sua "capacidade ou poder de criar significados" e de se orientar por eles na vida. Nesse sentido, toda ação humana é uma ação política).

Assim, as ações orientadas por quaisquer uma das três lógicas aqui tratadas são ações políticas, ou seja, são ações interessadas, orientadas para determinados fins e envolvem decisões.

Embora os interesses da lógica humanista sejam, num primeiro momento, mais simpáticos, já vimos que em seu nome foram desenvolvidas ações que resultaram em malefícios para muitos seres humanos.

O interesse da lógica capitalista é, à primeira vista, o mais desagradável e antipático porque é voltado imediatamente para o lucro. Todavia, tendo sempre por meta maximizar o lucro, a lógica capitalista impulsionou a pesquisa e a produção do saber especializado. As atividades científicas vêm passando, do final do século XIX para cá, por um enorme desenvolvimento. O século XX assiste a uma verdadeira revolução tecnológica, que não encontra precedentes na história e que nem nos permite ainda ver com clareza como será o nosso futuro próximo, tal a velocidade que este mesmo avanço tecnológico imprime à própria produção de novos conhecimentos. As descobertas e invenções daí recorrentes têm alcançado efeitos contraditórios. Se de um lado possibilitam a expansão do lucro, de outro têm trazido melhorias de condições da vida humana, como na área da saúde, comunicações e transportes, para citarmos apenas alguns exemplos. Tais melhorias são responsáveis por transformações que, por estranho que pareça, têm-se refletido negativamente sobre a capacidade de lucro atingida pelo sistema de produção. Assim é que o aumento da média de vida da população acaba sendo responsável pela extensão da miséria a um maior contingente populacional. Este aumento da média de vida em anos é decorrente tanto de pesquisas orientadas por interesses capitalistas, quanto de políticas sociais orientadas pela lógica humanista.

Por que lógicas tão diversas têm desembocado em resultados semelhantes e conflitivos?

A lição a se tirar desta constatação esclarece-se a partir da análise dos fatos.

Detenhamo-nos em dois detalhes: a colonização do Brasil e a política desenvolvimentista dos anos JK. Qual era o interesse dos jesuítas ao catequizar os índios, ensinando-lhes a religião católica? Qual era o interesse do Estado português em relação ao índio? O avanço nos conhecimentos náuticos colocou uma sociedade (a portuguesa) que já conhecia o modo de vida urbano e vivia uma economia de mercado (produção para a troca, visando ao lucro) em contato com outra sociedade que se organizava em comunidades rurais e vivia uma economia de subsistência (voltada apenas para a satisfação de suas necessidades).

O estranhamento e surpresa diante de modos de vida tão diferentes levam os portugueses a atribuir um significado superior ao seu próprio modo de vida.

O que lhes interessava então aquela gente estranha? Interessava-lhes enquanto conhecedores de minas de metais preciosos (que usavam em seus adornos) capazes de aumentar as riquezas e lucros portugueses.

E o que dizer dos jesuítas, portadores de ideais humanistas e que ao cristianizar os índios tanto ajudaram a lógica capitalista? Convencidos de suas crenças, aqueles sacerdotes acreditavam que a singeleza dos valores dos nativos (assim significavam a diferença) seria resolvida pela aquisição da moral cristã.

Centrados em sua própria cultura, colonizadores e jesuítas lidaram etnocentricamente com a diferença.

E os índios? Que interesse tinham em se deixar catequizar e em servir, em alguma medida, aos colonizadores? De pronto, perceberam a radical diferença tecnológica existente entre os dois povos. Enquanto portugueses possuíam embarcações gigantescas diante das suas e que se dirigiam oceano a dentro, a se perder de vista, suas canoas desenvolviam apenas uma navegação costeira; suas ferramentas e armas apresentavam-se toscas diante de facões, machados e lâminas de metal do povo recém-chegado; utensílios corriqueiros para os portugueses, como o espelho, consistiam em novidades revolucionárias que possibilitavam o conhecimento do próprio corpo que antes não tinha sido possível. A docilidade com que se prestavam aos contatos iniciais permite concluir que atribuíram aos recém-chegados uma superioridade cultural da qual passariam a compartilhar. Centrados nos valores comunitários de sua cultura, também lidaram etnocentricamente com a diferença. A predominância da lógica capitalista resultou nas consequências vividas até hoje pela população indígena brasileira.

Evidencia-se assim que a possibilidade de pôr em prática a capacidade política do ser humano (poder de tomar decisões) não se distribui de maneira igualitária, através da história. Uns, mais do que outros, participam do exercício do poder. O domínio tecnológico vem garantindo este desempenho desigual, garantindo ao detentor da tecnologia a maior parcela.

Analisemos agora a política desenvolvimentista dos anos JK.

Qual era o interesse dos países estrangeiros ao investir os seus capitais e ao montar fábricas no Brasil? A possibilidade de expansão de sua economia, vislumbrada na mão de obra barata e abundante, na remessa de lucros e nos incentivos (ajudas) oferecidos pelo governo brasileiro.

Já vimos que o interesse do Brasil ao incentivar tal modelo de desenvolvimento era dinamizar, ativar a economia brasileira, visando alcançar um bem-estar geral e vencer a situação de dependência econômica em que nos encontrávamos.

O valor conferido pela lógica capitalista ao desenvolvimento da ciência, com o consequente prestígio atribuído à tecnologia, colocou na mão dos técnicos e dos especialistas um grande poder de decisões, ou seja, um grande poder político.

Centradas nos valores tecnológicos, as sociedades capitalistas continuam lidando etnocentricamente com suas questões e enfrentando os problemas contemporâneos, já citados.

De modo geral, quando se focalizam os interesses das partes envolvidas em alguma realização, temos a impressão de nos encontrarmos diante de uma história de "mocinho e bandido", de "herói e vilão". Este é, no entanto, um enfoque maniqueísta do "interesse" e que desconsidera o fato inevitável de que "toda ação humana é interessada".

A lógica ambientalista, ao admitir uma visão de mundo como um amplo e diversificado conjunto de elementos (do meio vegetal, animal e mineral) inter-relacionados, com especial destaque ao ser humano e à nossa vida social, ao analisar os problemas atuais do meio ambiente, avança para além das lógicas humanistas e capitalistas, pondo em destaque que:

a) a atitude etnocêntrica na resolução de problemas vem sendo responsável pela parcialidade dos resultados alcançados por uma ou por outra destas visões de mundo;

b) a distribuição desigual entre os homens da possibilidade de exercício do poder empobrece a realização dos interesses pretendidos, uma vez que nenhum ser humano é detentor de toda a cultura, ou seja, de todo o conhecimento que sua sociedade tem sobre determinado assunto (nem os técnicos, os especialistas), do mesmo modo que todo ser humano é detentor de cultura, em alguma medida, e de um potencial colaborador na resolução de problemas que sejam de seu interesse, embora não sejam de sua especialidade;

c) a participação ampla e diversificada de pessoas interessadas, ainda que por razões diversas, numa dada questão, é o caminho que se apresenta como mais promissor, para o alcance de resultados que possam contemplar a todos de uma maneira mais satisfatória do que as até agora conseguidas.

2.5 Como fazer valer nossos interesses?

Política diz respeito a poder. Poder de tomar decisões, de criar normas de comportamento, de criar significados para as coisas e ações.

O modo ambientalista de pensar o mundo indica a necessidade da participação ampla e diversificada de pessoas nas tomadas de decisões. Recomenda distribuição ampla do exercício do poder político entre as pessoas. Como os elementos do meio ambiente são todos inter-relacionados, os efeitos de qualquer ação humana são sentidos muito além dos locais onde são praticadas, atingindo os mais diferentes tipos de grupos sociais. Ampliando a participação social do exercício político é possível ampliar e melhorar a previsão dos efeitos.

No modo capitalista de pensar o mundo, os técnicos, os especialistas em cada assunto, é que devem pensar estes efeitos e:

a) definir as decisões que tenham menos efeitos maléficos;

b) definir as formas de lidar com os efeitos menos satisfatórios.

Os excluídos destas decisões são atingidos pelos seus efeitos e reagem a elas. Colaborando, quando são do seu interesse, dificultando-as ou mesmo impedindo-as, quando contrárias aos seus interesses.

Na lógica capitalista, é atribuído aos técnicos o poder político. Todavia, os excluídos dele (a população em geral) também exercem o seu poder político através de suas reações. O homem, enquanto animal criador, é essencialmente um "ser político". O que se observa é que qualquer que seja a lógica adotada em uma dada situação, o máximo que se consegue é "desviar" a participação política de uma população, nunca estancá-la ou extingui-la.

Um exemplo disto é a Comissão Regional dos Atingidos pelas Barragens (CRAB). Ao final da década de 1970, com a divulgação pela Eletrosul da intenção de construir 22 aproveitamentos na bacia do rio Uruguai, iniciou-se um movimento popular na região, contrário à construção da UHE. Este movimento resultou na criação, em 1979, da CRAB, que articulou a oposição da população rural à construção e instalação das UHE.

Os técnicos das construtoras rapidamente compreenderam a necessidade de satisfazer em alguma medida o interesse dos descontentes, a fim de que os seus próprios interesses pudessem ser realizados.

O que a realidade tem mostrado é, pois, que deslocar a ampla participação política do momento da resolução de problemas decorrentes de decisões tomadas por poucos (e que afetam a muitos) para o momento da "tomada de decisões" pode ser uma maneira adequada de:

a) aprimorar as interferências humanas em seu meio ambiente, aumentando a capacidade de previsão de efeitos negativos;

b) prevenir desgastes de energia humana;

c) transformar em compromissos as decisões tomadas.

A população vem sendo chamada para participar na resolução dos efeitos das ações.

Por que não participar das fases anteriores, em que se estudam as conveniências e inconveniências das ações que se pretendem praticar? Não temos interesse nisto? Não é o que as reações aos efeitos das ações decididas arbitrariamente, sem consulta popular, têm demonstrado.

Na verdade, não temos sabido defender os nossos interesses nos momentos adequados. Temos deixado de exercer o nosso poder político, temos deixado as coisas acontecerem. Depois, só nos resta lidar com os resultados.

Por que isto tem acontecido?

Porque "saber" defender os nossos interesses passa pela necessidade de um aprendizado.

Aprende-se a participar, participando.

Participando do quê? Quando? Como? Onde?

Temos sido chamados a participar de ações para a resolução de efeitos problemáticos. Além de ser uma participação necessária por dizer respeito a interesses imediatos de nossa vida que estão sendo afetados, esta é uma oportunidade de aprendizagem que não pode ser desperdiçada. Nestas participações, estamos vivendo o "exercício da cidadania".

Mas, estas não são as únicas situações em que se pode aprender a "exercer a cidadania".

Cidadania diz respeito ao conjunto de direitos e deveres que cada indivíduo tem, por ter nascido em determinado país.

O exercício da cidadania, ou seja, o exercício político do cidadão diz respeito a comportamentos que desenvolvemos para lidar com os direitos e deveres.

Tudo isto vai se aprendendo quando se participa de ações para resolução de problemas que afetam a nós e, portanto, ao nosso meio ambiente.

Por isso, é possível, necessário e aconselhável que aprendamos a exercer a nossa cidadania ao longo de nossa vida cotidiana, através dos comportamentos que temos para nos relacionar com as pessoas no nosso trabalho, na nossa vida familiar etc.

A criação/construção dos direitos é orientada pelas necessidades sentidas pelas populações, nos diferentes espaços que ocupam, para poder realizar, em cada momento da história, as atividades indispensáveis e essenciais à manutenção da vida e do bem-estar humano. A transformação de necessidades em direitos/deveres, depende da capacidade de organização e de participação conjunta das pessoas para lidarem com suas necessidades.

O desenvolvimento desta capacidade de organização exige conhecimentos.

Para exercer a cidadania é preciso, antes de tudo, conhecer nossos direitos e deveres. Os direitos e deveres não são os mesmos em qualquer país do mundo e nem são os mesmos ao longo do tempo. Eles são construídos pelos homens ao longo da história. É coisa recente no nosso país falar-se no direito ao transporte, no direito à cesta básica, nos direitos do consumidor. Revelam necessidades que estão sendo enfrentadas pelos habitantes dos países do Terceiro Mundo, decorrentes da deterioração da qualidade de vida nestas regiões.

Portanto, o conhecimento dos direitos e deveres do cidadão, e da história deles e de sua construção, é importante para que possamos desenvolver nossas ações em defesa de nossos próprios interesses, nos momentos que são mais importantes para nós e não apenas quando somos chamados a resolver problemas decorrentes de ações que não decidimos.

Onde e quando adquirir estes conhecimentos?

Este aprendizado pode e deve começar cedo em nossa vida, e um lugar importante onde ele pode ser desenvolvido, dentre outros, é na escola.

2.6 O aluno e a consciência ambiental

A escola é um local, dentre outros (família, trabalho, clube, igreja etc.), onde não só os alunos, como também os professores, exercem sua cidadania, ou seja, comportam-se em relação a seus direitos e deveres.

Existem os direitos e deveres da criança e do adolescente, recém-garantidos por nossa Constituição, além da Declaração Universal dos Direitos da Criança.

Você os conhece?

Existem as escolas "reais", "concretas", com os seus modos de ser, suas formas de organização, suas formas de ocupar o meio ambiente e de criar o seu meio ambiente próprio.

E existe você dentro das escolas, vivendo seus direitos e deveres de uma determinada maneira, fazendo e participando do meio ambiente escolar. Como é o meio ambiente de sua escola? Quais são seus aspectos positivos? Quais são as necessidades e problemas que você, aluno, sente nele? Observe-o! Troque observações com seus colegas!

E como sua escola se relaciona com o meio ambiente mais amplo em que está localizada, como, por exemplo, o bairro, ou mesmo com as questões ambientais da atualidade?

Como estas questões ambientais da atualidade se manifestam na sua escola?

Você já parou para pensar nisto?

Em geral, atribuem-se os problemas à direção, aos professores, enfim, aos outros.

Como todos temos que ver com o meio ambiente, ninguém sozinho consegue resolver nada.

Portanto, de nada adianta atribuir aos outros a responsabilidade dos fatos. Eles em nada mudarão por causa disto, pois, em geral, temos pouco poder, ou seja, pouca capacidade política de mudar "os outros". Mas, e quanto a nós mesmos?

A nossa capacidade política, isto é, o nosso poder de atuação aumenta quando o exercitamos conosco mesmos. Se todos temos que ver com as questões do meio ambiente, que tal descobrirmos o que têm que ver as ações e os comportamentos de cada um de nós com relação aos vários "meio ambientes" em que vivemos? Que tal juntarmos nossos esforços no sentido de lidarmos em conjunto com as necessidades e problemas sentidos por nós nos meio ambientes imediatos a que pertencemos? Que tal descobrirmos nossa capacidade de participação, atuação e interferência nas questões que nos afligem diretamente, através de ações organizadas? Afinal, se mudar "os outros" é difícil, não seria mais fácil começarmos por nós mesmos? Que tal nos desafiarmos para exercer as nossas cidadanias nos espaços em que vivemos? Afinal, a escola é ou não o espaço do aluno?

O que é preciso para começarmos este processo?

Alguns conhecimentos e experiências são necessários, tais como:

a) aquisição de conhecimentos sobre:

— os direitos e deveres que a lei nos garante;

— os direitos e deveres que se fazem necessários na atualidade;

— como é o meio ambiente imediato (onde vivo);

— como este meio imediato se relaciona com o meio ambiente amplo;

— qual é o papel do homem na transformação do meio ambiente;

— como construir novos direitos e deveres;

b) vivência de experiências, tais como:

— organização e participação em comissões da escola que tenham por finalidade conhecer o meio ambiente e atuar na preservação do mesmo e/ou que busquem soluções para problemas aí constatados;

— participação em experiências sociais organizadas que lidem com questões relativas a direitos e deveres do cidadão e à qualidade de vida que temos.

Uma coisa é ler e aprender os direitos e deveres definidos na Constituição. Um passo adiante disto é poder trocar ideias sobre estes direitos e deveres e sobre as necessidades sentidas em nossa realidade. A tecnologia avançada da atualidade até já permite a estudantes como você trocar ideias com estudantes de outros países sobre a questão ambiental como na experiência relatada, por meio de uma rede escolar internacional de computadores. O objetivo de tudo isto, porém, é nos reunirmos de maneira organizada com as pessoas com as quais compartilhamos o meio ambiente, com uma finalidade determinada: a de melhorar a nossa qualidade de vida. Ela será sempre aquela que formos capazes de construir.

A nossa capacidade de construção depende de nossa consciência ambiental. Esta se forma ao longo de nossa participação, ou seja, ao longo do exercício de nossos poderes enquanto cidadãos.

É preciso desenvolver a nossa cidadania, para alcançarmos o meio ambiente que merecemos.

Vamos desenvolver a nossa cidadania?

Vamos desenvolver a nossa consciência ambiental?

Vamos desenvolver nossa qualidade de vida?

Esta é uma exigência de agora e do século XXI.

Vamos começar pela nossa escola?

Vamos começar por nós?

Apêndice

Seções coordenadas: sugestões metodológicas

Este apêndice é uma tentativa de concretizar em alguma medida as considerações metodológicas apresentadas no Capítulo 4.

Cada seção coordenada corresponde a uma alternativa de trabalho a ser proposto aos professorandos, para o desenvolvimento de temas teóricos focalizados pelos textos contidos no Capítulo 5 e para a utilização dos mesmos em projetos realizáveis pela escola.

Acredita-se que a experiência e a criatividade do professor desdobrarão esta alternativa em muitas outras, utilizando seus recursos e conhecimentos próprios.

***Seção coordenada 1**: Tema 1*

Questão para os alunos:

1) Você conhece o seu meio ambiente?

A melhor maneira de verificar isto é enfrentando esta pergunta. Uma maneira interessante de fazer isto é como segue.

1º momento: trabalho individual

— Indicar os limites do meio ambiente que você identifica como seu; em outras palavras, dizer onde ele fica, ou até mesmo tentar localizá-lo num mapa;

— A seguir, fazer uma lista escrita de elementos que compõem este meio delimitado por você.

2º momento: em grupos

a) cada grupo deverá analisar as respostas individuais dos componentes de seu grupo e concluir sobre os limites e a localização de seu meio ambiente;

b) construir uma lista única de elementos do seu meio, a partir das listas individuais.

3º momento: grande círculo

Coordenador:

— pede a cada grupo que apresente o espaço identificado;

— compara os espaços delimitados;

— indaga as relações existentes entre os espaços focalizados e os demais que os cercam;

— pede que cada grupo apresente sua lista de elementos e constrói uma lista única, em conjunto com a classe.

4º momento: em grupo

Os alunos deverão classificar cada elemento da lista única em:

— elementos produzidos, cuidados ou transformados pelo homem;

— elementos não produzidos, cuidados ou transformados pelo homem.

5º momento: grande círculo Coordenador:

— anota na lousa as classificações dos elementos;

— discute e analisa com o grupo os elementos cuja classificação não foi consensual;

— pede que cada um escreva, individualmente "o que é meio ambiente".

6º momento:

— leitura individual do Texto 1: *Você conhece seu meio ambiente?*

— retomar a resposta anteriormente elaborada para a questão e verificar o que permanece e o que muda.

7º momento: considerações gerais em grande círculo.

Seção coordenada 2: *Tema 2*

Questão para alunos:

A Terra tem vida?

1 º momento: individual

— escrever em, no máximo, cinco linhas "o que é vida";

— dar exemplos de diferentes tipos de vida (no máximo cinco exemplos).

2º momento: grupo

— comparar as respostas dadas à questão 1, discuti-las e escrever uma resposta do grupo;

— tomar conhecimento dos exemplos e construir uma lista de exemplos do grupo.

3º momento: grande círculo

Coordenador:

1) Pede que cada grupo leia sua resposta para a questão 1 e as fixa, uma em seguida à outra, numa folha de papel pardo, à vista da classe.

2) Solicita comentários que as respostas apresentadas provocam.

3) Coordena a elaboração de uma resposta única a partir dos elementos presentes nas respostas grupais.

4) Solicita a cada grupo a apresentação da lista de exemplos de tipos de vida e as fixa na lousa.

5) Coordena a elaboração de uma lista única incluindo todos os elementos apresentados.

6) Solicita à classe observação e análise da lista única buscando levantar os seguintes dados:

— os exemplos citados pertencem a que reinos da natureza?

— os seres vivos existentes em cada reino da natureza são do mesmo tipo?

4º momento: em grupo

O coordenador distribui a cada grupo o nome de um ser vivo da lista, tendo o cuidado de apresentar elementos de vidas diferentes do reino animal e vegetal (por exemplo: se forem cinco grupos, dar a cada um deles um dos seguintes seres, extraídos da lista: homem, peixe, ave, árvore, grama). Cada grupo deverá responder em relação ao "ser vivo que receberam" a seguinte pergunta:

— que comportamentos vocês desenvolvem em relação a este ser vivo?

5º momento: grande círculo

Coordenador:

1) Solicita que cada grupo apresente os comportamentos descritos e que os demais grupos anotem.

2) Após todas as apresentações, coordena reflexões orientadas pelas seguintes questões:

— estes seres vivos dependem um do outro?

— nós dependemos deles?

— eles dependem de nós?

— quais as diferenças existentes entre o nosso comportamento em relação a cada um deles?

6º momento:

1) Leitura individual do Texto 2: *A Terra tem vida?*

2) Responder às seguintes questões, justificando a resposta a partir do texto.

Frente às seguintes situações,

— atear fogo a um animal vivo;

— atear fogo a uma plantação;

— atear fogo numa extensão de terra;

responda:

a) como você se sentiria diante de cada uma delas?

b) como você se comportaria diante de cada uma delas?

Seção coordenada 3: *Tema 3*

Questão para os alunos:

1º momento: individual

Você é uma pessoa predominantemente:

( ) conservadora; ( ) inovadora.

Justifique sua resposta com exemplos de situações concretas de sua vida que expliquem a classificação feita.

2º momento: em grupo

— apurar o total de respostas em cada classificação;

— listar as situações que revelam cada uma das posições.

3º momento: grande círculo

Coordenador:

1) Pede a cada grupo que apresente o resultado da apuração da 1ª questão e reúne o resultado total num quadro na lousa. Constata com a classe o resultado predominante.

2) Pede a cada grupo a apresentação dos exemplos de situações concretas de vida que explicam:

a) a posição predominante;

b) a posição minoritária.

3) Coordena, com base nos exemplos apresentados, uma reflexão sobre as seguintes questões:

— as posições conservadoras são necessariamente antiquadas, atrasadas?

— as posições inovadoras são necessariamente progressistas e desenvolvidas?

4º momento: em duplas ou individual

— leitura do Texto 3: *Conservação, transformação e desenvolvimento.*

5º momento: em grupo

— ler com atenção o texto *Seringueiros e biodiversidade*, de Werner E. Zulaf.

— responder as questões sobre o texto de Zulaf, utilizando como apoio o Texto 3.

MEIO AMBIENTE

Seringueiros e Biodiversidade

Werner E. Zulaf[1]

Decorre apenas uma década da divulgação da tese do "pulmão do mundo", que procurava justificar a manutenção da cobertura florestal da Amazônia porque seria esse ecossistema o principal supridor de oxigênio da atmosfera. Pura bobagem! Não há qualquer sinal de alteração dos teores de oxigênio.

Depois veio a acusação de que as queimadas da Amazônia estariam causando o aumento acelerado de gás carbônico na mesma atmosfera, provocando aumento do efeito estufa (aquecimento do planeta). Foi um grande escândalo, até que a verdade veio à tona, esclarecendo que o Brasil emite apenas 2,2% dos 7,2 bilhões de toneladas de gás carbônico lançados anualmente no mundo.

Agora, justifica-se a manutenção da cobertura florestal deste e de todos os demais ecossistemas naturais remanescentes do planeta para a preservação da biodiversidade. Finalmente, uma justificativa convincente!

Para dar conforto, medicamentos e alimentos aos 5,3 bilhões de habitantes do planeta de hoje e aos 10 bilhões daqui a poucas décadas, é imprescindível que se desenvolva a biotecnologia.

Cada fração de floresta ou qualquer outro ecossistema transformado em pastagem, agricultura, cidade ou deserto, representa o desaparecimento de alguma variedade biológica que poderia ser de alguma utilidade no futuro. Neste século, descobriu-se que dos fungos se faz penicilina. Agora, determinados tipos de cogumelos (também fungos) voltam à cena pelas propriedades de quebrar as resistentes moléculas de certos agrotóxicos. Na Eco-92 poderá ser assinada uma convenção internacional sobre biodiversidade.

---

1. Engenheiro civil e sanitarista, é consultor em meio ambiente. Foi presidente da Cetesb/SP (governo Montoro) e presidente do Instituto Brasileiro de Meio Ambiente (governo Collor).

Falta resolver o problema social das populações que habitam a mata e vivem do extrativismo. No âmbito da câmara setorial da borracha do Ministério da Economia, foi criado um grupo de trabalho para o fomento do extrativismo, a ser implementado através de cooperativas e associações de seringueiros.

A semente plantada por Chico Mendes começa a apresentar resultados em termos de ações concretas, seja pelas recém-criadas reservas extrativistas nacionais, seja por esse novo programa.

O conjunto desse e de outros programas que a região requer tem a responsabilidade de demonstrar a viabilidade socioeconômica dos povos da floresta, patamar indispensável para a preservação da cobertura florestal, alternativa sustentável de preservação da floresta nativa para consumo desta e das futuras gerações.

Coordenador:

Apresenta questões sobre o texto *Seringueiros e biodiversidade.*

1) O que é preciso fazer para se preservar a biodiversidade da floresta Amazônica, segundo Zulaf?

2) Qual é a importância de se conservar a cobertura florestal dos ecossistemas do planeta?

3) Como o Brasil está resolvendo o problema das populações que habitam as florestas e vivem do extrativismo?

4) Este comportamento do Brasil, criando "reservas extrativistas nacionais", caminha no sentido de:

( ) transformar as relações sociais entre "povos da floresta" e "outros grupos" interessados na exploração da biodiversidade;

( ) conservar as relações atualmente existentes entre os povos da floresta e os "outros grupos" interessados na biodiversidade.

***Seção coordenada 4**: Tema 4*

O coordenador apresenta questões para os alunos:

1º momento: individual

1) O que é interesse?

2) Existe alguma ação humana desinteressada?

3) Dê três exemplos de ação humana e identifique o interesse que orienta cada uma delas.

4) O que é política?

5) Dê três exemplos de ação política desenvolvida por você.

2º momento: em grupo

— comparar as respostas das três primeiras questões e escrever uma conclusão geral do grupo para a questão 2;

— comparar as respostas das questões 4 e 5 e escrever uma conclusão do grupo para a questão 4.

3º momento: grande círculo

— o coordenador fixa as respostas dos grupos em duas folhas de papel pardo, para as conclusões sobre a questão 4;

— convida a classe a tomar conhecimento delas através da leitura de todas.

4º momento: em duplas

— leitura do Texto 4: *Toda ação humana é interessada.*

5º momento: em grupo

1) Analisar os seguintes documentos:

— quadro "Consumo de energia elétrica no Brasil"

Consumo de energia elétrica no Brasil (%)

Setores	Petróleo e derivados	Eletricidade	Biomassa lenha	Carvão vegetal
Residencial	8,8	20,0	55,6	29,5
Transportes	47,2	8,8	–	–
Industrial	13,9	57,6	15,3	63,8
Comércio e serviços	0,7	10	29,1	6,7
Público	0,5	(1)	–	–
Rural	6,4	2,9	(2)	(2)

(1) Incluído em transportes

(2) Incluído em residencial

Fonte: Revista *Tempo e Presença*, n. 261, jan./fev. 1992

— Informações Retiradas do Documento: *Relatório de Impacto Ambiental*, elaborado pelos empreendedores (ou seja, pela empresa privada construtora da hidrelétrica) à pág. 108.

— Os Interesses Envolvidos às págs. 114 a 117.

2) A partir da análise feita, responder às seguintes questões:

a) A quem interessa a construção da UHE de Itá?

b) Qual a lógica que orientou a construção da UHE de Itá:

— a lógica humanista;

— a lógica capitalista;

— a lógica ambientalista.

Justifique sua resposta usando o texto do *Tema 4*.

c) Qual é o setor que mais vem se beneficiando com a produção de energia elétrica no país?

d) A conservação desta situação é benéfica para a população como um todo?

e) Quais os efeitos, para a população do local, das transformações provocadas pela construção de hidrelétricas (inundação de ampla área, alterações na fauna, flora, clima, moradia etc., além das alterações sociais e econômicas ocorridas com a instalação de canteiros de obras que carregam para o local um numeroso contingente populacional de trabalhadores e suas famílias, migrantes e aventureiros, o que muitas vezes dobra o número da população local)? O que ocorre quando da retirada destes canteiros?

6º momento: em grande círculo

Coordenador:

Organiza a exposição de cada grupo das respostas a cada questão e encaminha uma reflexão conjunta sobre as mesmas.

TEMA 4

Informações Retiradas do Documento Relatório de Impacto Ambiental

Consórcio Nacional de Engenheiros
Construtores S.A. para a CESB

1. A localização exata e a solução técnica proposta para a UHE Itá (divisa de Santa Catarina com o Rio Grande do Sul) foram definidas após os Estudos de Viabilidade deste empreendimento. Foram conclusões desta fase:

— a UHE de Itá revelou-se bastante promissora pelo seu baixo custo-índice de geração de MW (megavates) instalado;

— os efeitos socioeconômicos sobre a população rural e urbana foram analisados e verificadas as possibilidades de seu equacionamento;

— iniciou-se também o aprofundamento de estudos ambientais com o objetivo de elaborar um planejamento detalhado de programas de controle ambiental.

2. Ao final da década de 1970, com a divulgação pela Eletrosul da intenção de construir 22 aproveitamentos na bacia do rio Uruguai, iniciou-se um movimento popular na região, contrário à construção das UHE. Este movimento resultou na criação, em 1979, da Comissão Regional dos Atingidos pelas Barragens (CRAB) que articulou a oposição da população rural à construção e instalação das UHE.

3. A Eletrosul iniciou em 1986 estudos para conciliar as reivindicações dos diversos segmentos da sociedade, como empresas privadas, por exemplo Consórcio Nacional de Engenheiros Construtores (CNEC); setores do governo e população rural com a viabilização técnico-econômica e financeira do empreendimento.

4. Dos 78 elementos componentes da equipe técnica que assinam este Documento apenas três são sociólogos; os sete geógrafos participantes (que poderiam estar capacitados para analisar os aspectos populacionais pela sua formação em geografia humana) tinham por tarefa analisar principalmente aspectos do meio físico, tais como geomorfologia e climatologia.

TEMA 4

Os Interesses Envolvidos[2]

[...]

9. "Energia é progresso", eis o que nos repetem os representantes do setor elétrico. "O país, dizem, precisa de energia

---

2. Texto extraído do documento "Impactos socioambientais de hidrelétricas". In: *Textos didáticos*. Rio de Janeiro: IPPUR/UFRJ, s/d.

para se desenvolver". Dito desta maneira, isto é verdade. Mas precisamos nos perguntar: quem se beneficia com a energia que tem sido produzida? Quem vai ser beneficiado com a extraordinária expansão da produção de energia elétrica que pretendem?

Uma primeira resposta nos é dada pelos gráficos que descrevem a distribuição do consumo. Uns poucos setores industriais consomem grande parte da eletricidade produzida no país. E se olhamos para o consumo residencial (consumo das famílias em suas casas), descobrimos que a distribuição domiciliar de eletricidade é tão injusta quanto a distribuição da renda: os 353 mil domicílios mais ricos (1,76% do total) têm um consumo de eletricidade que é quase o triplo dos quatro milhões e 800 mil domicílios mais pobres.

10. A demanda de energia elétrica deve se entendida dentro de um modelo econômico exportador, em que o país sofre com os custos ecológicos e sociais de oferecer no mercado internacional aquelas mercadorias cuja produção exige grandes quantidades de eletricidade (em linguagem técnica, estes setores são chamados de "eletrointensivos").

As hidrelétricas não são planejadas para atender às necessidades da população, nem às necessidades do desenvolvimento nacional. Elas estão aí para abastecer alguns grandes clientes,[3] grandes exportadores de eletrointensivos (alumínio, por exemplo). Alguns destes grandes clientes contam, às vezes, com tarifas especiais: as fábricas de alumínio da Albrás (Pará) e Alumar (Maranhão) deixam de pagar, por ano, algo

3. O setor elétrico não hesitou, em 1986, em submeter todo o Nordeste a um racionamento, inclusive grandes e pequenas cidades, enquanto, ao mesmo tempo, assegurava pleno fornecimento de energia a algumas poucas indústrias de alumínio localizadas no Maranhão e Pará.

em torno de 200 milhões de dólares, graças a contratos que lhes asseguram o benefício de serem abastecidas de energia abaixo do preço de custo.

11. O Brasil endivida-se para construir grandes hidrelétricas que fornecem energia subsidiada a algumas grandes indústrias que exportam seus produtos a preços baixos... para obter divisas para pagar a dívida externa contraída!

É o próprio plano da Eletrobras que nos diz esta verdade com números: a eletricidade direta e indiretamente utilizada nos bens exportados pelo Brasil cresceu de 5 bilhões e 800 milhões de MWh em 1975, para 24 bilhões de MWh, em 1984. Assim, enquanto em 1975 exportamos 8,6% da energia produzida no país, em 1984 a cifra alcançava 15,3%. Em 1975, foram necessários 675 KWh para exportar mil dólares; em 1984, foram consumidos 896 KWh para exportar os mesmos mil dólares.

12. Além das grandes indústrias eletrointensivas e exportadoras, há ainda outros interesses ligados ao setor elétrico. Vejamos os principais:

a) grandes grupos financeiros envolvidos com o financiamento das obras;

b) empresas construtoras, as chamadas "empreiteiras", tanto as grandes, que conseguem, graças a seu poder político, abocanhar as concorrências, quanto as pequenas, que são subcontratadas (Camargo Correa, Mendes Júnior, Oderbrecht são algumas das mais importantes);

c) empresas, nacionais ou estrangeiras, que fornecem equipamentos necessários à instalação das usinas, linhas de transmissão etc. (Siemens e Brow-Boweri são algumas conhecidas de quase todo mundo);

d) empresas responsáveis por estudos e elaboração de projetos relativos às grandes obras, as chamadas "consultoras" (Engevix, CNEC, Sondotécnica, Promom e Engerio são algumas delas).

13. Já vimos a importância econômica do setor elétrico. Não fica difícil imaginar o poderio destes grandes grupos econômicos que, para defender seus grandes lucros, se associam entre si e com dirigentes de empresas estatais, técnicos e funcionários dos órgãos governamentais, grupos políticos e parlamentares, meios de comunicação de massa (jornais, redes de rádio e tevê etc.)

Tudo isso permite afirmar que o principal produto da política energética não é a energia, ou a eletricidade, mas a preservação e ampliação da riqueza e do poder de uns poucos conglomerados industriais e financeiros, nacionais e internacionais.

***Seção coordenada 5**: Tema 5*

Questão para os alunos:

1º momento: grupal

O exercício da cidadania diz respeito aos comportamentos que desenvolvemos em relação aos nossos direitos e deveres, nos diferentes grupos de que participamos.

1) Descreva um problema qualquer já vivido por você enquanto filho(a).

2) Indique o(s) direito(s) e o(s) dever(es) de filho a que se relacionam.

3) Indique os comportamentos que você teve para lidar com este problema.

2º momento: grande círculo

Coordenador:

1) Colar em três folhas de papel pardo, respectivamente, os direitos e os deveres de filho e os problemas selecionados.

2) Orientar e coordenar uma discussão conjunta a partir da exploração dos quadros apresentados e à luz dos comportamentos descritos com vistas a concluir que tais ações são ações de natureza política.

3º momento: em duplas

— leitura do Texto 5. *Como fazer valer nossos interesses.*

4º momento: em pequenos grupos (4 pessoas)

Resolver as questões tomando como apoio o Texto 5.

1) Que direitos (ou poderes) você tem enquanto aluno?

2) Que direitos (ou poderes) você terá enquanto professor?

3) Que deveres você tem enquanto aluno?

4) Que deveres você terá enquanto professor?

5º momento: grande círculo

O coordenador fixa as respostas dos grupos em duas folhas de papel pardo, uma para direitos e deveres do aluno e outra para direitos e deveres do professor. A seguir orienta uma reflexão conjunta sobre:

— o poder político do aluno na escola e o seu exercício;

— o poder político do professor na escola e o seu exercício.

Seção coordenada 6: *Tema 6*

1º momento: individual

— leitura do Texto 6. *O aluno e a consciência ambiental*.

Aproveitando o potencial de poder político que o aluno e o professor têm, proceder aos seguintes trabalhos, utilizando, para tanto, os conhecimentos adquiridos ao longo de todos estes 6 temas.

Questão para os alunos:

2º momento: em pequenos grupos

1) Listar os principais problemas sentidos por vocês, alunos, nesta escola.

2) Como estes problemas afetam o seu meio ambiente escolar?

3) O que vocês têm feito para resolver cada um destes problemas e com que resultados?

4) Como poderiam se organizar para tentar resolvê-los de maneira mais satisfatória?

Obs.: O professor deverá anunciar aos alunos que irá responder às mesmas questões, só que da perspectiva do professor, lugar que ocupa na escola, e que apresentará posteriormente aos alunos, as suas respostas, num saudável e criativo exercício de comunicação educacional, que põe em prática os poderes políticos destes dois agentes da educação, aluno e professor.

3º momento: em grande círculo

Coordenador:

— organiza na lousa uma lista única de problemas sentidos pelos alunos, a partir das respostas elaboradas por cada grupo, destacando os problemas mais apontados;

— coordena a apresentação das respostas sobre o meio ambiente escolar e organiza uma reflexão conjunta sobre as considerações apresentadas e suas implicações;

— organiza, em papel pardo, a apresentação da atuação dos alunos em relação a cada problema; convida a classe a examinar estas informações e encaminha uma reflexão conjunta da classe sobre a situação constatada, utilizando nesta reflexão, especialmente, as noções dos textos 5 e 6.

4º momento: em pequenos grupos

Questões para alunos:

— elaborar propostas de como poderiam se organizar para colaborar na resolução de um ou alguns dos problemas apontados; utilizar neste trabalho especialmente os conhecimentos adquiridos nos temas 5 e 6; lembrar que os problemas coletivos ou sociais precisam ser resolvidos desta maneira, coletivamente e de forma organizada. Portanto, é preciso propor como garantirão a participação de todos os elementos da escola, da direção até os funcionários, colaborando e conquistando a colaboração de todos para suas causas.

5º momento: em grande círculo

Coordenador:

— organiza a apresentação dos planos, procede a uma reflexão conjunta sobre as propostas, encaminha a elaboração de uma lista de prioridades e toma com a classe as decisões necessárias para darem início à vivência de suas cidadanias enquanto alunos, através das ações planejadas.

Caso os problemas levantados pelos alunos sejam muito específicos da organização de uma dada instituição, seria interessante que o professor sugerisse entre os problemas apresentados pelos alunos alguma questão relativa a tema facilmente relacionável com temas ambientais de espaços mais amplos que ultrapassam a escola, tais como a questão do lixo escolar e a questão da higiene ambiental, ou ainda o abastecimento de água da escola e sua qualidade, ou também o abastecimento de energia elétrica. São temas propiciadores de levantamentos de dados pelos alunos de:

a) fonte ou origem (do lixo, da água ou da luz elétrica existente na escola);

b) comportamentos desenvolvidos pelos agentes sociais existentes na escola em relação a estes itens selecionados (como lidam com eles, alunos, diretor, professores e demais funcionários). Estes levantamentos poderão ser realizados através de entrevistas, depoimentos, observações organizadas para este fim;

c) constatação de eventuais problemas;

d) elaboração de planos organizados e conjuntos de colaboração para a resolução ou minimização dos problemas constatados;

e) verificação de como estes itens focalizados ocorrem no meio ambiente mais amplo em que a escola se insere, como o bairro e o país;

f) elaboração de plano de como a escola pode colaborar com a comunidade mais próxima em que está inserida em relação aos interesses focalizados, ainda que seja com a divulgação de seu trabalho interno para os pais e demais interessados, seja organizando campanhas de esclarecimento e orientação à população, através, por exemplo, da produção de faixas e/ou da organização de palestras e eventos culturais sobre os temas em questão.

Seção coordenada 7:

Como estamos lidando com cursos de formação de professores, não é possível encerrar esta apresentação de alternativas de trabalhos didáticos, sem a seguinte sugestão de atividades:

1º momento: em pequenos grupos

Cada grupo voltado para pensar sobre uma das séries iniciais do 1º grau (de 1ª a 4ª séries) e nas faixas etárias mais características de cada uma delas. Questões para alunos:

— quais são os interesses das crianças e pré-adolescentes desta série? (Para responder, utilizar as experiências com esta faixa etária, bem como observações e estudos já realizados. Entrevistas com professores e alunos desta série são muito enriquecedoras).

2º momento: em grande círculo Coordenador:

— organiza uma apresentação de cada grupo;

— coordena uma reflexão conjunta voltada para o aproveitamento dos interesses constatados na criação de atividades adequadas ao desenvolvimento da consciência ambiental, da consciência cívica e do desenvolvimento da cidadania de crianças das séries iniciais da vida escolar.

3º momento: em pequenos grupos organizados pelas séries iniciais (de 1ª a 4ª séries) os professorandos, sob a orientação do coordenador, deverão:

— organizar atividades para conhecimento do meio ambiente adequadas à série;

— organizar pequenas atividades preservadoras do meio ambiente adequadas à série.

4º momento: em grande grupo

Coordenador:

— organiza a apresentação das atividades propostas por série;

— coordena uma reflexão conjunta que propicie o aprimoramento das propostas;

— coordena a produção de um texto coletivo, cujo título poderia ser "O professor das séries iniciais e a formação da consciência ambiental de seus alunos", no qual a importância do exercício da cidadania e da consciência cívica (a consideração do outro nas ações individuais e coletivas, públicas e privadas) desde a infância deverão ganhar destaque, e serem acompanhadas da indicação das atividades didáticas criadas pelos, hoje, alunos, amanhã, professores, para a formação da consciência ambiental de nossa infância e juventude.

Bibliografia

ALVES, Nilda (org.). *Formação de professores*: pensar e fazer. São Paulo: Cortez, 1992.

AMBIO. *A Journal of the Human Environment.* Royal Swedish Academy of Sciences, v. XXI, n. 1, fev. 1992.

BATISTA, Simone R. *Televisão e formação de professores*: a importância da mediação docente, São Paulo: LCTE Editora, 2005.

BERGMANN, Helenice M. *Escola e inclusão digital*: desfio na formação de redes de saberes e fazeres. Tese (Doutorado) — Departamento de Metodologia do Ensino e Educação Comparada, Universidade de São Paulo, 2006.

BRANCO, S. Murgel. *O meio ambiente em debate.* São Paulo: Moderna, 1990.

BUENO, W. Celso. A modernidade do Primeiro Mundo não cabe no Terceiro Mundo. In: *Jornal da USP*, 6 a 17 out. 1993.

CANDEIAS, J. Alberto. Patentear ou não patentear, eis a questão. In: *Jornal da USP*, 10 a 16 maio 1993.

CARVALHO, A. M. Pessoa de; PEREZ, D. Gil. *Formação de professores de Ciências.* São Paulo: Cortez, 1993.

CAVALCANTE, Itamar. Patentes: a hora da verdade para o Brasil. In: *Jornal da USP*, 26 abr. a 2 maio 1993.

______. Proibido patentear a vida. In: *Jornal da USP*, 8 a 14 nov. 1993.

CEDI/CRAB. *Educação ambiental*. São Paulo: Paulinas, 1992.

CHIAVENATO, José Julio. *O massacre da natureza*. São Paulo: Moderna, 1991.

CITELLI, Adilson. Comunicação, educação e cidadania na sociedade da informação. In: PONTES, Aldo; PONTES, Altem. *Educação e comunicação, diálogos possíveis*. Rio de Janeiro: Ed. Corifeu, 2008.

DALARI, Dalmo. *Viver em sociedade*. São Paulo: Moderna, 1983.

FERREIRA, R. Carlos. O futuro do mundo nas mãos da ciência e tecnologia. In: *Jornal da USP*, 6 a 12 out. 1993.

FONSECA, E. Gianetti. O que é desenvolvimento sustentável. *Folha de S.Paulo*, caderno Dinheiro, 2 jan. 1994.

______. A base moral da economia capitalista. *Folha de S.Paulo*, caderno Dinheiro, 16 jan. 1994.

______. Patente de DNA e seres vivos é outra polêmica. *Folha de S.Paulo*, caderno Mais!, 23 jan. 1994.

FORUM USP. Meio Ambiente e Desenvolvimento. São Paulo: Universidade de São Paulo, coordenadoria de Comunicação Social, maio 1992.

FREIRE, V. Torres. Brincar de Deus em um laboratório. *Folha de S.Paulo*, caderno Mais!, 23 jan. 1994.

GIANNOTTI, J. Arthur. Novas formas de responsabilidade política. *Folha de S.Paulo*, caderno Mais!, 23 jan. 1994.

GOHN, Maria da Glória. *Movimentos sociais e educação*. São Paulo: Cortez, 1992.

GOLDEMBERG, José. Energia para um mundo sustentável. In: *Correio da UNESCO*, ano 20, n. 1, jan. 1992.

GULLAR, Ferreira. A pouca realidade. *Folha de S.Paulo*, caderno E, p. 10, 7 mar. 2010.

JACOBI, Pedro R. O desafio da construção de um pensamento crítico, complexo, reflexivo. *Educação e Pesquisa* — Revista da FE/USP, São Paulo, v. 31, n. 2, maio/ago. 2005.

______. Educação para a cidadania e corresponsabilidade. In: *Debates Socioambientais*, n. 7, 1997.

KOLTAI, Caterina. *Por que pacifismo?* São Paulo: Moderna, 1987.

LEITE, Marcelo. Brasileiros se atrasam no debate. *Folha de S.Paulo*, 23 fev. 1994.

LIMA, G. F. Crise ambiental, educação e cidadania: os desafios da sustentabilidade emancipatória. In: LOUREIRO, C.; LAYRARGUES, P.; CASTRO, R. (Orgs.). *Educação ambiental*: repensando o espaço de cidadania. 2. ed. São Paulo: Cortez, 2002.

LOUREIRO, C.; LAYARGUES, P.; CASTRO, R. (Orgs.). *Sociedade e meio ambiente*: a educação ambiental em debate. São Paulo: Cortez, 2000.

MARQUES, Luís Alberto S.; MARQUES, Tania E. *Estudo do meio*: estudos sociais para o meio rural. Porto Alegre: Mercado Aberto s/d.

MARTINEZ, P. *Forma de governo*: o que queremos para o Brasil? São Paulo: Moderna, 1992.

______. *História ambiental no Brasil*. São Paulo, v. 130, 2006. (Questões de Nossa Época.)

MORIN, E. *Sete saberes necessários para a educação do futuro*. São Paulo: Cortez, 2002.

PENTEADO, Heloísa D. *Televisão e escola*: conflito ou cooperação? 2. ed. rev. atual. São Paulo: Cortez, 2009.

______. *Metodologia do ensino de História e Geografia*. São Paulo: Cortez, 2008. (Observação: nas edições do meu *Meio ambiente e formação de professores* feitas até agora constam a data das edições anteriores à 2008, data em que foi revista e atualizada.)

______. A mídia humana e outras mídias. In: PONTES, Altem N.; PONTES, Aldo N. (Orgs.). *Pesquisa e prática docente sobre educação e comunicação*, Belém, 2008.

______. *Psicodrama, televisão e formação de professores*. Araraquara: Junqueira & Marim, 2007.

______. (Org.). *Pedagogia da comunicação*: teorias e práticas. 2. ed. São Paulo: Cortez, 2001.

______. *Comunicação Escolar*: uma metodologia de ensino. São Paulo: Salesiana, 2002.

PENTEADO, Heloísa D. *Metodologia do ensino de História e Geografia*. São Paulo: Cortez, 1991.

______; GARRIDO, Elsa (Orgs.). *Pesquisa-ensino*: a comunicação escolar na formação do professor, São Paulo: Paulinas, 2010. (No prelo.)

PONTES, Aldo N. *A educação das infâncias na sociedade midiática*: desafios para a formação docente. Tese (Doutorado) — Departamento de Metodologia do Ensino e Educação Comparada, Universidade de São Paulo. São Paulo, 2010.

______; PONTES Altem. *Educação e comunicação, diálogos possíveis*. Rio de Janeiro: Ed Corifeu, 2008.

SACCOMANDI, Humberto. Reino Unido debate o uso de óvulos de fetos. *Folha de S.Paulo*, caderno Mais!, 23 jan. 1994.

SANTOS, Vânia M. N. *Formação de professores para o estudo do ambiente*: projetos escolares e a realidade socioambiental local. Tese (Doutorado) — Instituto de Geociências, Universidade de Campinas, 2006.

SILVA, L. Ezequiel. *Magistério e mediocridade*. São Paulo: Cortez, 1992.

SILVA, Márcia B. *A criança e a TV*: que contribuições ao trabalho docente na pré-escola. Dissertação (Mestrado) — Departamento de Metodologia do Ensino e Educação Comparada, Universidade de São Paulo. São Paulo, 1995.

TOFFLER, Alvin; TOFFLER, Heidi. Economia do Pacífico anuncia uma nova era de instabilidade. *Folha de S.Paulo*, caderno Mais!, 23 jan. 1994.

UNITED NATIONS DEVELOPMENT PROGRAMME. Sustainable Development and Environment, abr. 1992.

VIANA, Claudemir. *O lúdico e a aprendizagem na cibercultura*: jogos digitais e Internet no cotidiano infantil. Tese (Doutorado) — Escola de Comunicação e Artes, Universidade de São Paulo. São Paulo, 2005.

WEBB, Jeremy (New Scientist). Gene "frágil" causa deficiência mental. *Folha de S.Paulo*, caderno Mais!, 23 jan. 1994.

ZATZ, Mayana. Os dilemas do mapa genético. *Folha de S.Paulo*, caderno Mais!, 23 jan. 1994.